LE PETIT GÂTEAU DE NOS RÊVES

無法抗拒的
法式鐵盒餅乾

GÂTEAU 糕點
(source Larousse)

n.m. *Pâtisserie, réalisée à partir de pâtes de base utilisées seules ou avec l'adjonction d'appareils complémentaires.*

陽性名詞
只用基本麵團（糊）或加入混合麵糊所製成的糕點。

Familier
Avoir sa part du gâteau, avoir part au gâteau, partager le gâteau : partager le profit d'une affaire.

常用語
分得自己的一份蛋糕（分得一杯羹）、有參與其中的機會，受益或分享收益。

Familier
C'est du gâteau : c'est quelque chose de facile et d'agréable.

常用語
一塊小蛋糕：小事一樁、輕鬆愉快的事。

LE PETIT GÂTEAU DE NOS RÊVES

無法抗拒的法式鐵盒餅乾

DÉBORAH DUPONT-DAGUET
PHOTOGRAPHIES DE GÉRALDINE MARTENS
ILLUSTRATIONS D'APOLLINE MUET

出版菊文化

AVANT-PROPOS
前言

我承認確實對 petits gâteaux（餅乾與小蛋糕）很著迷，而且很佩服許多人在這方面的匠心獨具，他們憑著麵粉、糖、油脂和蛋等簡單的基本食材，就能找出並提供數十種餅乾與小蛋糕的變化版本。

這些受人遺忘的餅乾與小蛋糕彷彿深藏在祖父母食物櫃中的鐵盒，在此我想為它們帶來新的口味變化。我從母親阿爾薩斯猶太家族中繼承了一些，名稱有時混雜著阿爾薩斯語和意第緒語的食譜，這讓我自小就能大快朵頤。從父親那邊繼承的則是貓舌餅（langues-de-chat）、雪茄卷（cigarettes russes）和 變化版的杏仁馬卡龍。

在翻閱舊書尋找餅乾與小蛋糕時，如同進行了虛擬的環法之旅，幾乎每個地區、每個城市都有自己的特色糕點。更超越國界探索，擴展了我的食譜配方範圍。

在此獻上60道包含酥脆口感、沙狀質地、巧克力或水果口味的配方，希望你們也能找到讓自己無法抗拒的餅乾與小蛋糕！

Déborah
黛博拉

SOMMAIRE 目錄

LES PETITS GÂTEAUX DANS L'HISTOIRE

餅乾與小蛋糕的歷史

糕點與神祇

最早的 petits gâteaux(餅乾與小蛋糕)出現在遠古時期,例如埃及用來供奉神靈的 galettes 餅乾(以麵粉、油和蜂蜜製成),而希臘的各式糕點也用來獻給神靈(愛與美的女神阿芙蘿黛蒂 Aphrodite 胸前塑形的 kribanê 小蛋糕),另外在中東(以蜂蜜、椰棗、杏仁等食材製成),或是在阿皮基烏斯(Apicius)時期的羅馬(panis mellitus,以芝麻製作、浸漬在蜂蜜中,再切成片狀油炸)都可見到餅乾與小蛋糕的蹤影。

中世紀時期

中世紀時,在離開餐桌(用餐結束後),人們會享用 hypocras(香料酒)搭配乾硬的餅乾。我們還注意到德文(Nachtisch,「餐後」)或西班牙文(postre,「最後」)的用語,展現出這樣的時間性。當時由三種行業的人負責製作這樣的糕點:talmelier(麵包師)、obloyer 祭餅師或稱 obloyeur(製作類似聖餐 hosties 的蛋糕,擁有獨家製作這種蛋糕的權利,以及糕點師(pâtissiers)。

「真正」最早的餅乾

十三世紀初所發明的「échaudé」是最早真正符合餅乾意義的糕點,因為它經過兩次烘烤。Le biscuit 餅乾最初確實是先烤過,再次烘烤,是一款兩面都需要烤的餅乾。有很長一段時間,餅乾(非常硬,幾乎沒有發酵,而且可以保存很長時間)是士兵和水手的主要食物。直到十六世紀才形成現代的樣貌,而且不再需要二次烘烤。

蔗糖

1492 年,美洲和甘蔗的發現帶來了變化,蜂蜜逐漸被糖取代,但也隨著可可、咖啡和香草的使用而發生變化。十六世紀中葉,出現了「goûter 吃點心」一詞,但指的不是孩童的點心,而是「非正餐的點心」和英式下午茶(搭配香料奶油酥餅、麵包和瑪芬)。

書中的餅乾和小蛋糕

一樣是在文藝復興時期,義大利人巴托洛梅歐·斯卡皮(Bartolomeo Scappi) 在他《Opéra 廚房裡的歌劇藝術》(1570 年)一書中,引用了將近 200 種餅乾和小蛋糕,以及其他各種糕點的配方。然後是 1653 年拉瓦雷納(La Varenne)在他的《Le Pastissier françois 法蘭西糕點師》中,首度對鹹甜糕點進行了完整的論述(尤其是「biscuits de sucre en neige 糖霜餅乾」)。

家尚巴蒂斯特·夏科（Jean-Baptiste Charcot）第二次南極探險的「gaufrette Iceberg 冰山威化餅」。LU 公司也在此時放棄了散裝銷售，開始用馬口鐵罐包裝產品，這不僅可以延長保存時間，而且也是理想的廣告媒介（罐子以軍用包裹的形式發送給士兵）。

與此同時，在比利時發展的 Delacre 公司於1870年開始由藥劑師銷售巧克力（當時巧克力被認為是一種強身藥），並於1891年決定與甜點主廚一起開發帶有巧克力糖衣的精緻餅乾，用來搭配茶或咖啡享用。

餅乾與小蛋糕的工業化

二次世界大戰後，餅乾與小蛋糕工業發揚光大，如今在超級市場的商品線上可以找到數十種不同的糕點，適合各種口味，使用的原料質量也各有高低。

在這樣的演變下，二十世紀也有許多論述餅乾與小蛋糕的書籍應運而生，有助於職人擴展他們的專業範圍，同時也讓家庭主婦們得以「自製」餅乾和沙布列（見159頁的參考書目）。

弗朗索瓦·馬西亞洛（François Massialot）於1691年的《Cuisinier royal et bourgeois 皇室與資產階級廚師》中，首度提及「meringue 蛋白餅」一詞。

在十八世紀中葉，出現了千層酥條（allumettes）、手指餅乾（biscuits à la cuillère）、瑪德蓮（madeleines）…

1746年，梅儂（Menon）在《La Cuisinière bourgeoise 資產階級廚房》中最早提到巧克力餅乾。

糕點的興起

糕點在十九世紀的興起主要與甜菜糖有關，除了純手工製作的糕點以外，也出現在最早的餅乾製造業，例如勒費夫爾尤迪餅乾公司（entreprise Lefèvre-Utile）自1846年便開始生產「façon de Reims 蘭斯加工」餅乾。1886年，創始人之子路易·勒費夫爾尤迪（Louis Lefèvre-Utile）創造了著名的小奶油餅乾（Petit-Beurre），並於1887年與他的姐夫一起創立了 LU 公司。他們瞭解廣告的效益，請來最知名的畫家為他們的海報繪製插圖，並果決地根據時事發明新產品，例如1892年為沙皇亞歷山大三世訪問巴黎而製作的「Neva, biscuit russe 俄羅斯涅瓦餅乾」，或1908年海洋學

CLASSIFICATION GÉANTE
豐富多樣的種類

下午茶時間！
奶油酥餅 Shortbreads（46頁）
花生醬餅乾 Cookies au beurre de cacahuète（52頁）
澳紐軍團餅乾 Biscuits Anzac（108頁）
香蕉藍莓瑪芬 Muffins banane et myrtilles（120頁）
仿百萬富翁酥餅 Faux millionnaires shortbreads（144頁）

課後必備小點心
貝諾卡斯戴招牌沙布列 Sablés signature de Benoît Castel（36頁）
維也納沙布列或擠花餅乾 Sablés viennois ou spritz（48頁）
擠花小餅 Petits gâteaux à la presse（56頁）
蜂蜜瑪德蓮 Madeleines au miel（118頁）
珍珠糖小泡芙 Chouquettes（142頁）
焦糖蝴蝶酥 Palmiers caramélisés（146頁）
覆盆子夾心千層 Pailles framboise（150頁）
沙漠玫瑰 Roses des sables（152頁）

奶奶家的午茶點心萬歲！
手指餅乾 Biscuits à la cuillère（62頁）
蛋白餅 Meringues（66頁）
蜂蜜瑪德蓮 Madeleines au miel（118頁）

雪茄卷 Cigarettes russes（130頁）
珍珠糖小泡芙 Chouquettes（142頁）
糖霜千層酥條 Allumettes glacées（154頁）
貓舌餅 Langues-de-chat（156頁）

就是要巧克力！
義式脆餅 Biscotti（32頁）
可可裂紋餅 Crinckles au cacao（44頁）
巴塞爾杏仁巧克力餅 Brunsli de Bâle（64頁）
叉紋可可餅乾 Petits-fours cacaotés à la fourchette（72頁）
巧克力椰子淋醬餅乾 Biscuits nappés chocolat et coco（82頁）
可可榛果餅乾 Pain cacao et noisettes（92頁）
佛羅倫汀 Florentins（100頁）
瑪米須的布朗尼 Brownie de Mamiche（124頁）
仿百萬富翁酥餅 Faux millionnaires shortbreads（144頁）
楊·布里斯的上癮陀飛輪酥餅 Les sablés tourbillon addictifs de Yann Brys（148頁）
沙漠玫瑰 Roses des sables（152頁）

我愛柑橘類。
亞歷珊卓·皮耶希尼的檸檬軟芯杏仁餅 Amaretti moelleux au citron d'Alessandra Pierini（76頁）
馬賽梭形餅乾 Navettes de Marseille（96頁）
香料餅乾 Lebkuchen（114頁）
榛果檸檬酥 Croquants noisettes et citron（132頁）
柳橙開心果蕾絲瓦片 Tuiles dentelle orange et pistache（136頁）
吉爾·馬夏爾的修女小蛋糕 Visitandines de Gilles Marchal（138頁）

給我阿爾薩斯聖誕糕點！
克里斯托夫·費爾德的香草基夫利 Vanille kipferl de Christophe Felder（40頁）
阿爾薩斯肉桂餅 Tzemet kuch（54頁）
張有敏的肉桂星餅 Zimtsterne d'Eliane Cheung（70頁）
亞爾薩斯炸麵團 Schenkele（88頁）
薑餅人 Gingerbread (wo)men（104頁）

我有橙花水
豬油杏仁糕 Mantecaos（84頁）
馬賽梭形餅乾 Navettes de Marseille（96頁）
路易莎的阿爾及利亞杏仁糕 Makrouts el louz de Louiza（102頁）
蜂蜜杏仁卷 Cigares au miel et aux amandes（106頁）

我想製作加油糕點
豬油杏仁糕 Mantecaos （84頁）
亞爾薩斯炸麵團 Schenkele（88頁）
馬賽梭形餅乾 Navettes de Marseille（96頁）
香蕉藍莓瑪芬 Muffins banane et myrtilles（120頁）
橄欖油檸檬覆盆子費南雪 Financiers à l'huile d'olive, citron et framboises（126頁）

我愛杏仁！
亞歷山大·塞爾內的擠花餅乾
Spritz d'Alexandre Cernec(50頁)
傳統馬卡龍 Macarons à l'ancienne
(60頁)
杏仁瓦片 Tuiles aux amandes(68頁)
亞歷珊卓的檸檬軟芯杏仁餅 Amaretti
moelleux au citron d'Alessandra Pierini
(76頁)
路易莎的阿爾及利亞杏仁糕
Makrouts el louz de Louiza(102頁)
蜂蜜杏仁卷 Cigares au miel et aux
amandes(106頁)
橄欖油檸檬覆盆子費南雪 Financiers à
l'huile d'olive, citron et framboises
(126頁)

給我椰子！
椰子岩石巧克力 Rochers à la noix de
coco(74頁)
巧克力椰子淋醬餅乾 Biscuits nappés
chocolat et coco(82頁)
澳紐軍團餅乾 Biscuits Anzac(108頁)

紅果季節來臨！
林茲覆盆子酥餅 Sablés linzer à la
framboise(90頁)
香蕉藍莓瑪芬 Muffins banane et
myrtilles(120頁)
橄欖油檸檬覆盆子費南雪 Financiers à
l'huile d'olive, citron et framboises
(126頁)
覆盆子夾心千層 Pailles framboise
(150頁)

我喜歡來1球冰淇淋搭配餅乾。
手指餅乾 Biscuits à la cuillère(62頁)
蛋白餅 Meringues(66頁)
杏仁瓦片 Tuiles aux amandes(68頁)
亞歷珊卓的檸檬軟芯杏仁餅 Amaretti
moelleux au citron d'Alessandra Pierini
(76頁)
雪茄卷 Cigarettes russes(130頁)
榛果檸檬酥 Croquants noisettes et
citron(132頁)
貓舌餅 Langues-de-chat(156頁)

我愛抹果醬的小糕點 ...
果醬軟芯 Moelleux à la confiture
(78頁)
林茲覆盆子酥餅 Sablés linzer à la
framboise(90頁)
諾內特小蛋糕 Nonnettes(110頁)
覆盆子夾心千層 Pailles framboise
(150頁)

我想探索洛林特色糕點！
亞歷山大·塞爾內的擠花餅乾
Spritz d'Alexandre Cernec(50頁)
吉爾·馬夏爾的修女小蛋糕
Visitandines de Gilles Marchal
(138頁)

我愛堅果或糖漬水果！
貴婦餅乾 Palets de dame(35頁)
佛羅倫汀 Florentins(100頁)

給我肉桂！
阿爾薩斯肉桂餅 Tzemet kuch
(54頁)
巴塞爾杏仁巧克力餅 Brunsli de Bâle
(64頁)
張有敏的肉桂星餅 Zimtsterne d'Eliane
Cheung(70頁)
豬油杏仁糕 Mantecaos(84頁)
薑餅人 Gingerbread (wo)men
(104頁)
諾內特小蛋糕 Nonnettes(110頁)

蛋黃還有剩 ...
布列塔尼酥餅 Palets breton(34頁)
可可裂紋餅 Crinckles au cacao
(44頁)
林茲覆盆子酥餅 Sablés linzer à la
framboise(90頁)
南特酥餅 Galettes nantaises(94頁)

QUE FAUT-IL POUR FAIRE DE BONS PETITS GÂTEAUX ?
製作美味的餅乾和小蛋糕需要什麼？

FARINE, FÉCULE, AMANDES EN POUDRE, POUDRES LEVANTES
麵粉、植物澱粉、杏仁粉、發粉

La farine 麵粉

麵粉是由穀粒研磨而來。由於含有澱粉，有助於餅乾和小蛋糕的黏合（屬於黏著劑），而且可為糕點賦予既結實又柔軟的質地。蛋白質網絡在烘烤時會膨脹，讓麵團變得沒那麼密實。它也是一種著色劑，有助在梅納反應（產生香氣和上色的化學反應）過程中使餅乾變成褐色，這是烘烤的特徵。標準的小麥粉含有大約70%的澱粉、15%的水、10%的麵筋，以及微量的脂質、礦物質、糖分 ...

根據磨出的粉末而定（更準確地說是根據「灰分含量」，即礦物質含量），有不同類型的小麥粉。灰分含量越低，麵粉越精緻（顏色白）；含量越高，麵粉中的「麩皮」（穀物的皮）就越多。包裝上會標示麵粉的種類。T55非常適合大多數餅乾和酥餅，並在本書中廣泛使用。現在也越來越容易找到，以有機農業小麥製成的小麥粉。

La fécule 植物澱粉

有時我們會用植物澱粉來取代部分麵粉（10%），最常見的是玉米澱粉或馬鈴薯澱粉（但也能使用木薯粉、米粉 ...）。植物澱粉不含麩質。既然是澱粉，依備料而定，會改變麵團的結構，可能會讓成品更酥鬆（sablés 沙布列），或是更蓬鬆柔軟。

Le amandes en poudre 杏仁粉

許多餅乾和小蛋糕配方都含有杏仁粉，因此天然不含麩質，像是：傳統馬卡龍（60頁）、巴塞爾杏仁巧克力餅（64頁）、檸檬軟芯杏仁餅（76頁）、阿爾及利亞杏仁糕（102頁）...

有些配方含有不同比例的麵粉和杏仁粉。添加的杏仁越多，成品就越易碎，因此可以根據個人口味調整最後的質地。

Les poudres levantes 發粉

可使用幾種類型的發粉。最常見的是泡打粉，通常是小蘇打粉、酒石酸和穀物澱粉（amidon）或植物澱粉（fécule）的混合物。最好將發粉和麵粉同時過篩，以確保均勻分布。

烘烤時，在麵團水分和熱的作用下，發粉所引發的二氧化碳釋出，氣泡導致麵糊的膨脹。

小蘇打需要酸性食材才能受到活化，因而會出現在搭配苦甜可可粉、蜂蜜，或是糖蜜的配方中，這是傳統上用於香料麵包的發粉。

LES SUCRES, LE MIEL
糖、蜂蜜

若要為餅乾和小蛋糕增加甜味，可單獨使用或結合幾種糖或甜味劑。烘烤麵團時會產生梅納反應（為肉類、蔬菜上色的同樣反應）：烘烤時，糖會為麵團上色（糖的熱解反應），並帶來酥脆口感，但也具有利於保存的效果（可吸收麵團的水分，例如可讓餅乾保持濕潤）。

糖有不同的作用，一般而言，應牢記白砂糖會帶來酥脆口感，而紅糖則會賦予柔軟質地。

Les différents sucres 各式各樣的糖

La vergeoise 初階糖 是棕色或金黃色的甜菜糖，經過細磨精製，質地略為濕潤。經常用來製作餅乾，因為可賦予餅乾無與倫比的柔軟度。

Le sucre roux de canne 紅蔗糖（cassonade 粗紅糖）是經過煮熟、結晶的紅蔗糖，顆粒比白砂糖大。

Le muscovado 黑糖 是未精製的全蔗糖，呈琥珀色，帶有濃郁的焦糖甚至甘草味。

Le rapadura 原蔗糖 是從風乾和過濾的甘蔗汁中取得。

以上的糖都很難單獨使用，但搭配白砂糖的效果很好。你也可以嘗試在本書的大部分配方中，用其中一種糖來代替部分的白砂糖。

Le miel et la mélasse 蜂蜜和糖蜜

蜂蜜的濃稠度因花或蜜露（昆蟲分泌的液體）而異。有些蜂蜜結晶速度很快，並形成乳霜狀質地（栗子花蜜），也有些完全是液體（金合歡花蜜）。

糖蜜最常從甘蔗的汁液中提取，也有時是從甜菜中提取，也可以找到由石榴等水果製成的糖蜜。蜂蜜和糖蜜為麵團帶來水分和柔軟度。這些食材的味道突出，經常出現在瑪德蓮、香料麵包等的配方中。

蜂蜜是由蜜蜂生產，因此無法用於純素配方中。

LES MATIÈRES GRASSES
食用油脂

油脂是餅乾和小蛋糕中不可或缺的基本食材，既可提味，又可為麵團增加口感。

奶油是最常使用的油脂，可為餅乾和小蛋糕賦予柔軟、滑順和入口即化的質地。

亦可用植物性油脂來取代奶油，例如花生油、葵花油或橄欖油，以及椰子油或人造奶油（可惜的是以氫化製成的人造奶油較為常見），或甚至是如花生醬、杏仁醬或榛果醬等含油材料製成的堅果醬。

加了奶油的麵團在烤盤上的延展性更佳，可製作出更薄且更酥脆的餅乾。因此在用壓模裁出所有的小酥餅後，應先將麵團冷藏靜置，再進行烘烤。

榛果奶油（beurre noisette 或稱焦化奶油）經常用於柔軟的小糕點（費南雪、瑪德蓮 …）。這是種透

過緩慢加熱而澄清的奶油（或甜或鹹）。奶油中所含的水分蒸發，酪蛋白（牛乳中的蛋白質）焦糖化並形成漂亮的色澤，同時帶來如同榛果般特有的味道和氣味。

一般而言，除非另有說明，否則本書中提供的配方，使用的是非常軟的含鹽奶油，即在使用前約1小時從冰箱取出（室溫20℃）放軟的奶油。若想使用無鹽奶油，只要在麵粉中加入1撮鹽即可。如果奶油還很冰涼，可切成方塊，用微波爐以最小功率（350 W）每份微波10秒。

傳統上在西班牙和義大利會使用豬油。這種來自豬的動物油脂（白色、帶有光澤、柔軟且味道中性）可提供非常有特色的質地，與奶油相較之下，可賦予餅乾和小蛋糕更酥脆的口感，這就是為何建議用中性油來取代豬油的原因。

本書中的部分餅乾和小蛋糕不添加油脂，例如手指餅乾（62頁）、阿爾及利亞杏仁糕（102頁）、榛果檸檬酥（132頁）、檸檬軟芯杏仁餅（76頁）、椰子岩石巧克力（74頁）、果醬軟芯（78頁）。

榛果奶油的製作

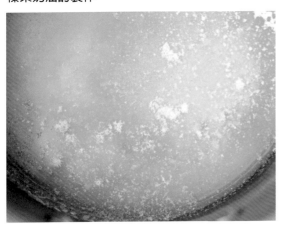

LES ŒUFS
蛋

蛋因含有蛋白質而可作為黏著劑。混合其他食材後，會在約80至85℃左右凝固，還能為麵團賦予漂亮的金黃色。當然只建議使用有機蛋或紅標蛋（蛋殼上標示0或1的蛋）。

一顆帶殼雞蛋的重量約55克（蛋白30克、蛋黃20克和蛋殼5克），這是隨處可見的標準雞蛋尺寸，除非另有說明，否則本書中的所有配方，使用的都是這樣大小的雞蛋。一顆小型雞蛋約為45克，而一顆大型雞蛋約為60克。

成功打發蛋白

為了能輕鬆將蛋白打發成泡沫狀，通常會建議不要使用太新鮮的雞蛋，甚至在前一天就先將蛋白與蛋黃分離，並將蛋白冷藏保存。

攪打時，最好先從極低速開始，以打破結構，然後再逐漸加速。打出的蛋白霜泡沫因此具有更細、更穩定也更多的氣泡，讓麵糊在烘烤過程中更能均勻膨脹。

注意蛋白打發的時間不要太長，否則蛋白霜結構會過於密實，導致烘烤時無法膨脹。在打發蛋白中加入糖可讓蛋白變硬，即所謂的「serrer收緊」蛋白。打發的蛋白霜無法保存，會呈現分離狀態（液體沉至碗底），如果不快點烘烤，會造成失敗。

如果會過敏

本書中有些配方不含雞蛋，例如鑽石酥餅（42頁）、奶油酥餅（46頁）、豬油杏仁糕（84頁）…可在158頁的索引中找到不含雞蛋的配方列表。

如何使用剩餘的蛋白和蛋黃

裝在小型密封罐或加蓋果醬罐中的蛋白，冷藏保存可達四周：必須以全熟方式用於配方中（費南雪、蛋白餅、馬卡龍...），亦可冷凍（最好置於製冰盒中）。置於密封容器並用水淹過的蛋黃，可冷藏保存2天。

保存天數	蛋黃	蛋白
1		糖霜千層酥條（154頁）、維也納沙布列（48頁）
2	可麗露（122頁）、可可裂紋餅（44頁）	檸檬軟芯杏仁餅（76頁）、酥餅（132頁）、覆盆子費南雪（126頁）、傳統馬卡龍（60頁）、杏仁瓦片（68頁）、肉桂星餅（70頁）
3	布列塔尼酥餅（34）、林茲酥餅（90頁）	巴塞爾杏仁巧克力餅（64頁）、雪茄卷（130頁）、蛋白餅（66頁）、貓舌餅（156頁）
5	南特酥餅（94頁）	
6天以上		榛果奶油穀物費南雪（128頁）、椰子岩石巧克力（74頁）、修女小蛋糕（138頁）

UN PEU DE TECHNIQUE
關於一些小技巧

有二種完全不同的方法可形成酥脆質地的麵團，各有利弊。

Le sablage 搓砂法：先混合麵粉和油脂後再混入其他食材。奶油必須是冰涼的或是剛恢復常溫。主要為酥脆塔皮（pâte brisée）的基底。

Le crémage 乳化法：先混合軟化的油脂、糖、鹽和蛋後再加入麵粉。這是優先用來製作酥脆塔皮的麵團（pâte sablées）和甜酥塔皮（pâte sucrées）的方法。

在這兩種情況下，重點是不要過度搓揉麵團，以免麵粉中的麵筋變得太有彈性，導致烘烤後使餅乾變得太硬。務必遵照冷藏靜置時間以獲得預期的結果。

Conseils 建議

• 也有不同的混料（乾料混合液體，通常是蛋白和油脂），總之，有些麵團用全蛋攪打（génoise 熱內亞蛋糕基底），也有些只用蛋白攪打（biscuit 蛋糕體基底）。

• 一般而言，如果備料中含有打成泡沫狀的蛋白霜，則應在1小時內進行烘烤（冷藏保存），否則蛋白霜會塌陷。相反地，有些備料必須在烘烤前熟成，尤其是瑪德蓮，冷藏一晚後就能烤出較漂亮的凸肚。

• 製作餅乾和小蛋糕所需的設備真的很少：打蛋器、攪拌碗、木匙或橡皮刮刀 ...還有你的雙手！

• 在整形時，務必要遵照指示的厚度。有些餅乾需要擀薄（3公釐）才會酥脆。有些擀至1公分厚，便能形成較軟芯的口感。使用不同高度的尺或可調厚度的擀麵棍，便可擀出厚度適當的麵團。

LE CHOIX DES MOULES ET LEUR INCIDENCE SUR LA CUISSON

模具的選擇以及對烘焙的影響

餅乾和小蛋糕的模具可從各種材質中選擇，而選擇的不同會對成品帶來影響。

金屬模具和烤盤 的顏色可深可淺（錫、鋁），也會因此而影響到導熱效果：

• 淺色模具會反射烤箱的輻射熱，餅乾和小蛋糕需要更長的烘焙時間，而且顏色不會太深。

• 相反地，深色模具會吸收輻射熱，餅乾和小蛋糕會較快熟，有時甚至比配方註明的更快。

• **不沾模具** 的問題在於，要知道該在模具裡放什麼。傳統食譜最常建議為模具刷上奶油並撒上麵粉，或是撒上糖：

• 奶油不僅可讓餅乾和小蛋糕不沾黏，也能更輕鬆打發，麵粉也有相同作用。

• 糖可為餅乾和小蛋糕帶來酥脆口感。在模具中，糖會緊緊附在小蛋糕的邊緣，讓糕點不會一出爐就塌陷。

• **若要分批連續烘烤**，我強烈建議要替換烤盤，或是待烤盤冷卻後再接著烘烤下一批。將麵團擺在已經烤熱的烤盤上，會大大地影響結果。

矽膠模具 對我來說實在沒有太大吸引力，儘管它們具有不沾黏和無需添加任何油脂即可輕鬆脫模的優點。由於這種模具很柔軟，在填餡後務必要小心拿取，以免在放入烤箱時翻倒。與金屬模具相較之下，用橡膠模具烤出的小蛋糕外觀較沒有那麼金黃酥脆，但有一面會較具彈性。這種模具較不會吸熱，因此不太會透過導熱進行烘烤。在製作可麗露、費南雪、瑪德蓮和大多數重視外皮的小糕點時，應避免使用。主要用於佛羅倫汀、船形小蛋糕或瑪芬的製作。

GLAÇAGE ET DORURE
鏡面與蛋液

鏡面或蛋液是小糕點相當具特色的元素。可為小糕點賦予最後的修飾,有時僅是視覺上(表面的光澤),有時則是味覺上的修飾。

Dorure 蛋液

可簡單塗上用蛋(全蛋或只有蛋黃)打好的蛋液,或是摻入少量牛乳或鮮奶油。也可以使用皇家糖霜(蛋白和糖粉的混合物,可用檸檬或香草Vanille調味,經過攪打或打發,乾燥時會變硬),甚至是鏡面(糖粉和水拌勻的混合物,具有足以覆蓋湯匙匙背的流動性,讓糕點變得柔軟且呈現半透明)。

Conseils 建議

• 如果用來增加金黃色光澤的蛋液不夠稀釋,或是在刷上糕點前在過熱的地方放置過久,就可能會形成裂紋。

• 如果皇家糖霜鋪得太厚,就可能會流下,如果過度攪拌(鏡面太硬),就會變得暗淡無光。

Fondant 翻糖

專業人士仍會使用翻糖。製作上更為複雜(在大理石板上將糖漿攪拌至變得不透明,接著用手揉捏並熟成24小時後,再以小火液化並稀釋),而且對我來說會帶來過多的糖分。

有些小糕點不會淋上鏡面,只是簡單撒上砂糖或糖粉,有時是在烘烤前(手指餅乾、裂紋餅),有時是在烘烤後(林茲酥餅、香草基夫利)。

BOÎTES D'ASSORTIMENTS
綜合糕點盒

餅乾和小蛋糕的好處是，可分成幾天甚至是數週，來製作各種不同種類，以便組合構成糕點盒。

這就是阿爾薩斯傳統製作聖誕小餅乾的做法，他們會花上數週的時間準備，而品嚐的時間會一直持續至聖誕節前。

英式／美式下午茶時間

香蕉藍莓瑪芬 Muffins banane et myrtilles（120頁）
花生醬餅乾 Cookies au beurre de cacahuète（52頁）
澳紐軍團餅乾 Biscuits Anzac（108頁）
瑪米須的布朗尼 Le brownie de Mamiche（124頁）
仿百萬富翁酥餅 Faux millionnaires shortbreads（144頁）
奶油酥餅 Shortbreads（46頁）

Delacre-LU 的餅乾盒

貓舌餅 Langues-de-chat（156頁）
雪茄卷 Cigarettes russes（130頁）
巧克力椰子淋醬餅乾 Biscuits nappés chocolat et coco（82頁）
擠花小餅 Petits gâteaux à la presse（56頁）
維也納沙布列 Sablés viennois（48頁）

阿爾薩斯聖誕小餅乾

亞歷山大·塞爾內的擠花餅乾
Spritz d'Alexandre Cernec（50頁）
阿爾薩斯肉桂餅 Tzemet kuch（54頁）
亞爾薩斯炸麵團 Schenkele（88頁）
張有敏的肉桂星餅
Les zimtsterne d'Eliane Cheung（70頁）
薑餅人 Gingerbread (wo)men（104頁）
克里斯托夫·費爾德的香草基夫利
Vanille kipferl de Christophe Felder（40頁）

CONSERVATION
保存

有些種類的小蛋糕（最軟的）可保存2至3日，其他的則可以密封罐保存幾週而不會有任何問題。也有運作良好的真空系統，可讓小蛋糕再額外多保存幾天。

幾乎所有的生麵團都可以冷凍保存幾星期。有些烤好的糕點也可以（例如馬卡龍），但有些小糕點會因為不再新鮮喪失蓬鬆的質地，而令人失望（例如瑪德蓮）。

在下一頁的表格中，將提供我覺得最理想的保存期。這是我個人測試過的期限，但僅供參考，通常可以再延長（2至3日的除外，因為存有可能變質的食材），或是相反地可能再縮短，視不同環境而定。請注意，隨著時間過去，軟的小糕點往往會變硬，而硬的餅乾往往會變軟。

DURÉES DE CONSERVATION DE MES RÊVES
理想的保存期限

RECETTES 配方	PAGES 頁數	2至3日	3至7日	8至10日	11至30日
糖霜千層酥條 allumettes glacées	154	■			
檸檬軟芯杏仁餅 amaretti	76	■			
義式脆餅 biscotti	32	■			
科摩羅餅 biscoutis	134			■	
澳紐軍團餅乾 biscuits Anzac	108			■	
手指餅乾 biscuits à la cuillère	62	■			
巧克力椰子淋醬餅乾 biscuits nappés chocolat	82	■			
芝麻餅乾 biscuits secs au sésame	86	■			
布朗尼 brownie	124	■			
巴塞爾杏仁巧克力餅 brunsli de Bâle	64			■	
波爾多可麗露 canelés	122			■	
珍珠糖小泡芙 chouquettes	142	■			
蜂蜜杏仁卷 cigares au miel	106			■	
雪茄卷 cigarettes russes	130			■	
花生醬餅乾 cookies	52	■			
可可裂紋餅 crinckles au cacao	44	■			
榛果檸檬酥 croquants noisettes	132			■	
鑽石酥餅 diamants	42			■	
仿百萬富翁酥餅 faux millionnaires shorbreads	144	■			
榛果奶油穀物費南雪 financiers beurre noisette	128	■			
檸檬覆盆子費南雪 financiers framboises	126	■			
佛羅倫汀 florentins	100	■			
南特酥餅 galettes nantaises	94			■	
薑餅人 gingerbread (wo)men	104			■	
玫瑰開心果哈里薩 harissa à la rose	112			■	
貓舌餅 langues-de-chat	156	■			
香料餅乾 lebkuchen	114			■	
傳統馬卡龍 macarons à l'ancienne	60	■			
蜂蜜瑪德蓮 madeleines	118			■	
阿爾及利亞杏仁糕 makrouts	102			■	

未膨脹　　　　　　　　　　裂開

LE SAV DES PETITS GÂTEAUX RATÉS
失敗小糕點的補救

為什麼餅乾會變軟，
為什麼柔軟的小糕點會變硬？

鹽和糖具吸濕性，因此含有鹽和糖的乾燥糕點往往會吸收周圍空氣中的濕氣，而這樣的水分會讓糕點更軟。這就是為何將餅「乾」保存在密封罐中，很重要的原因。

相反地，軟糕點的澱粉（尤其是麵粉）所含的直鏈澱粉分子，在烘烤後會因回凝現象而重新結合。同時，混料往往會因稱為「脫水收縮」的現象而失去水分，可透過增加奶油的量來減緩這些現象。

為何我的餅乾像鵝卵石一樣硬？

問題可能在於過度揉捏麵團，但更常見的是烘烤問題。由於體積小，烘烤時間過長的後果，要比家庭製作大顆的蛋糕要嚴重得多。千萬別忘記，出爐後的餅乾在冷卻階段仍會持續加熱，尤其是在烤盤或模具中靜置時。

為何我的蛋白餅表面像橡膠或形成小珠？

這是打發蛋白霜（太快加糖而且尚未完全溶解），或烘烤（火力過強而且烘烤時間不足）的問題。

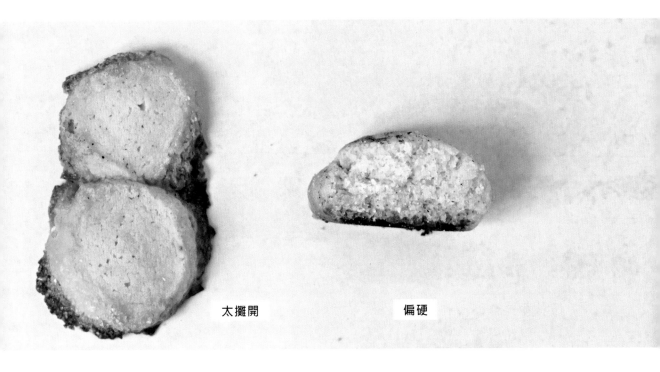

太攤開   偏硬

我的蛋白餅碎裂了！

蛋白霜打得過硬、烤箱太熱，或是急劇冷卻。烘烤結束時，應置於熄火的烤箱中放涼。

為何我的瑪德蓮沒有凸肚？

瑪德蓮蛋糕凸肚的秘訣在於熱衝擊：務必先將麵團冷藏，然後再以高溫烘烤。

為何我的沙布列或餅乾在烘烤時會攤開？

如果富含奶油的麵團沒有遵照食譜的冷藏靜置時間，或是麵團是以粗紅糖或初階糖，而非白砂糖製成時，通常就會發生這樣的問題。如果是擠花餅乾，過度攪拌麵糊也會發生同樣的狀況。

我的泡芙無法膨脹！

問題通常來自麵糊沒有充分乾燥，因此加入雞蛋後變得太濕。烘烤操作不當也可能會發生這樣的情形：太早打開烤箱門或烤箱過熱（泡芙從外觀看似熟了，但最後卻沒熟）。

PÂTES
À GÂTEAUX
AU BEURRE
CRÉMÉ/BATTU
攪打奶油至霜狀製成的麵團

這種麵團是許多餅乾與小蛋糕配方的基礎：可做出散發濃郁奶油香氣的酥鬆成品。先用糖將奶油攪拌成膏（乳霜）狀，可使用裝有攪拌槳的電動攪拌機，或是只使用木匙或橡皮刮刀，這個動作可混入空氣，形成淺色的霜狀質地。這種混料最常加入蛋，接著再用麵粉增加結實度。（編註：也稱為糖油拌合法）

BISCOTTI
義式脆餅

我在瑪莎史都華（Martha Stewart）的《餅乾大全Biscuits, sablés, cookies》中發現了義式脆餅，它們體現的正是「餅乾」（bi-cuit，「2次烘烤」）的真正涵義，因為麵團會先以整團的形式烤第1次，接著切片再烤1次。可用果乾、含油堅果和巧克力變化口味。開心果混合蔓越莓（如果個人偏好，也可以選擇開心果搭配糖漬櫻桃）是出色的經典組合，帶有淡淡的酸甜味。巧克力則可帶來更多美味。

T65（高筋）麵粉 280克
苦甜可可粉30克
泡打粉1包（約11克）
室溫回軟的半鹽奶油90克
砂糖120克
粗紅糖50克
蛋2大顆
無鹽去殼開心果125克
蔓越莓80克
巧克力豆50克

將烤箱預熱至180℃。混合粉類（麵粉、可可粉和泡打粉）過篩，以免結塊。用電動攪拌機（或木匙）將奶油和糖攪打至形成泛白的混料。加入蛋，拌勻。混入粉類，接著加入開心果、蔓越莓和巧克力。在此階段不應過度攪拌麵團，只要足以將配料分散均勻就好。

將麵團分為2塊，揉成長20公分的長條，並稍微壓扁形成10公分的寬度。擺在烤盤上，入烤箱烤25分鐘。出爐後放涼幾分鐘，讓麵包稍微硬化。

將烤箱溫度調低至150℃，切成厚2至2.5公分的片狀（太薄會容易碎裂，太厚會不夠脆口）。入烤箱烤8至10分鐘。將義式脆餅置於網架上放涼。

約20塊義式脆餅
備料：10分鐘
烘烤：35分鐘

PALETS
BRETONS

布列塔尼酥餅

只需幾種食材，無須添加香料或香味，因此必須選擇優質食材，尤其是奶油。布列塔尼酥餅也可以作為其他糕點的基底，例如乳酪蛋糕或仿百萬富翁酥餅（144頁）。

蛋黃3顆
糖150克
含鹽奶油150克（室溫回軟）
T65麵粉 225克

用電動攪拌機或木匙將蛋黃和糖攪拌至形成淺色的乳霜。加入奶油，拌勻。加入麵粉，攪拌至成團。

分為2團，揉成直徑約4公分的長條圓柱狀。包上保鮮膜，冷藏保存至少1小時。

將烤箱預熱至180℃。取下保鮮膜，將圓柱狀麵團切成厚2公分的片狀（每片的重量應為約40克）。放入（矽膠或金屬）塔圈或瑪芬模。入烤箱烤20分鐘。

12塊酥餅
準備：10分鐘
靜置：1小時
烘烤：20分鐘

PALETS
DE DAME
貴婦餅乾

扁平的餅乾，邊緣金黃酥脆，中心較軟。顯然這是童年回憶裡令人又愛又恨的小餅乾。那麼如果搭配上 # 葡萄乾呢？

科林斯（Corinthe）葡萄乾65克
酒或茶
含鹽奶油125克（室溫回軟）
糖125克
蛋2顆
T55麵粉160克

用蘭姆酒或茶浸漬葡萄乾。

將烤箱預熱至190℃。用打蛋器攪打奶油和糖。逐一加入蛋，接著是麵粉和瀝乾的葡萄乾。

在2個鋪有烤盤紙的烤盤上，保持間距，將麵團分為核桃大小的小堆（20至25克）。入烤箱烤12分鐘。

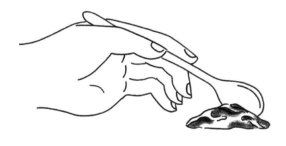

約20塊餅乾
準備：15分鐘
浸漬：30分鐘
烘焙：每爐12分鐘

SABLÉS
SIGNATURE

de Benoît Castel

貝諾卡斯戴的招牌沙布列

這是所有糕點主廚的招牌製作法,既可以做為塔底,也可以成為糕點的裝飾。脆口的小沙布列烘烤時間較長,因此會釋放出香氣和味道,讓人無法抗拒。

含鹽奶油130克
糖粉80克
杏仁粉30克
大顆的蛋1顆(55克)
香草精5克
T65麵粉215克(最好是古老小麥品種)

前1天,攪打奶油、糖粉和杏仁粉。倒入蛋和香草。分3次混入麵粉。攪拌至形成均勻的麵團,但不要過度攪拌。揉成球狀並壓平。包上保鮮膜,冷藏保存8小時。

當天,將麵團擀至2公釐的厚度,用邊長1公分的正方齒形壓模裁切。入烤箱以旋風模式145℃烘烤18分鐘。這是所有糕點主廚的招牌製作法,在甜點中隨處可見。

ASTUCE 訣竅

最後,這種麵團可在沒有塔圈或塔模的情況下製作成塔底。為此,將麵團擀至3公釐的厚度,用邊長7公分的齒形正方壓模裁切。在切好的一半正方形麵皮上戳洞,另一半用邊長5公分的壓模挖空成方框狀。將所有7公分的麵皮邊緣刷上水分,擺上切好的方框麵皮。入烤箱以旋風模式160℃烘烤23分鐘。

亦可將麵團擀至3公釐的厚度,用邊長10公分的齒形正方壓模裁切。入烤箱以旋風模式160℃烘烤20分鐘。

用1公分的小壓模可製作約100個酥餅,
若以傳統的小奶油餅乾(petit-beurre)
壓模,可製作約10個酥餅
準備:10分鐘
靜置:8小時
烘焙:18至23分鐘

SABLÉS BICOLORES

雙色沙布列

非常簡單的全天然配方（無添加食用色素），但卻能帶來令人驚豔的效果，只需在茶坊或日本食品雜貨店找到抹茶即可。這種沙布列成功的關鍵在於麵團整形前的冷卻和硬化：冷凍過度的麵團會裂開，太軟的麵團則易碎。可用在日本食品雜貨店找到的植物粉末（紫薯、橙色南瓜等）取代抹茶來變換顏色。

Pâte de base 基礎麵團

含鹽奶油100克
糖75克
大型蛋1顆（60克）
T55麵粉200克

Pâte colorée matcha 抹茶色麵團

含鹽奶油100克
糖75克
大型蛋1顆（60克）
T55麵粉180克
抹茶20克

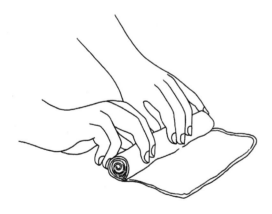

約20塊酥餅
準備：15分鐘
靜置：1小時30分鐘
烘烤：15分鐘

製作基礎麵團。用刮刀攪拌奶油至形成淡色的乳霜狀。加入蛋，拌勻。倒入過篩的麵粉，拌勻即可。

製作抹茶色麵團。用刮刀將奶油和糖攪拌至形成淡色乳霜狀。加入蛋，拌勻。這時倒入過篩的麵粉、抹茶粉，將粉類拌勻即可。為每個麵團裹上保鮮膜，冷藏保存1小時。

製作螺旋形，將麵團分別擀至形成厚5公釐且邊長25公分的正方形。將2塊麵團重疊，接著緊緊捲起貼合。為圓柱狀的麵團包上保鮮膜，冷藏保存30分鐘。

在旋風模式下將烤箱預熱至165℃。將圓柱狀的麵團切成厚約1公分的片狀。擺在烤盤上，入烤箱烤約15分鐘。

VARIANTE 變化版

若要製成棋盤形，應製作邊長1公分的長方形長條麵團。將每種顏色擀成邊長8公分的正方形。然後切成8×4公分的長方條。輪流交疊不同的顏色，接著從長邊切成寬1公分的帶狀（因此2種顏色要輪流疊2次）。讓形成的4條帶狀麵團交替排列，形成1個由16條長條所組成的方塊狀。包上保鮮膜，冷凍30分鐘。切成厚7公釐的片狀，入烤箱以旋風模式180℃烘烤約15分鐘。

VANILLE
KIPFERL
de Christophe Felder

克里斯托夫·費爾德的
香草基夫利

這是會讓許多人立即聯想到克里斯托夫·費爾德的代表性糕點。帶有濃郁香草味、入口即化的小餅乾，名稱在德語中的意義是「croissant 新月狀」。克里斯托夫會分幾個步驟製作，亦可用杏仁或榛果粉來作。

糖 35 克
香草莢 1 根
含鹽奶油 120 克（膏狀）
T55 麵粉 140 克
杏仁粉 60 克
香草精 ½ 小匙

Pour l'enrobage 外層
糖粉 60 克
香草糖 2 包（1 包約 7.5 克）

用電動料理機攪打糖和剖成兩半並切段的香草莢，製作具濃郁香草風味的糖，混入奶油，最後加入過篩的麵粉、杏仁粉和香草精。用木匙混合至形成均勻麵團。

揉成球狀，接著分成 4 塊。在工作檯上撒上麵粉，將麵團揉成 2 個長條。包上保鮮膜，冷藏保存 30 分鐘。

將烤箱預熱至 170℃。取下保鮮膜，將長條麵團切成長 2 公分的塊狀。擺在不沾烤盤或鋪有烤盤紙的烤盤上。入烤箱烤 15 分鐘。

在這段時間製作外層裹粉。混合二種糖。出爐後，放至完全冷卻，接著為基夫利沾裹上混合糖粉。

20 個基夫利
準備：20 分鐘
靜置：30 分鐘
烘焙：15 分鐘

ASTUCE 訣竅

既然這道小糕點獲得一致好評，可毫不猶豫地直接將比例加倍製作。

DIAMANTS

鑽石酥餅

鑽石餅是酥餅，因形狀和表面覆蓋著閃閃發亮的結晶糖而得名。

含鹽奶油150克
糖粉80克
T55麵粉200克（或180克＋苦甜可可粉20克）
香草精 ½ 小匙
外層用粗紅糖（Cassonade）或
冰糖（sucre cristal）

依序混合麵團的食材，攪拌至形成均勻質地。將麵團分為2塊，搓揉成直徑3公分的長條圓柱狀。包上保鮮膜，冷藏保存15分鐘。

為2條長條麵團沾裹上糖，同時按壓讓糖附著。再裹上保鮮膜，冷藏保存45分鐘。

將烤箱預熱至180℃。取下保鮮膜，將圓柱狀麵團切成厚約1.5公分的片狀。擺在1個或2個鋪有烤盤紙的烤盤上。

入烤箱烤15分鐘。在鑽石酥餅邊緣呈現金黃色，但其餘部分仍為淺色時，就代表烤好了。

ASTUCE 訣竅

在將麵團揉成長條圓柱狀時，務必將麵團壓實（將氣體排出），以免酥餅形成孔洞。若烘烤時麵團不夠冰涼，鑽石酥餅將會變形。

40個酥餅
準備：10分鐘
靜置：1小時
烘焙：15分鐘

CRINCKLES
AU CACAO
可可裂紋餅

我在瑪莎史都華的著作中發現了裂紋餅。這是既柔軟又脆口的小餅乾，有點像布朗尼，有別具特色的雙色表面，和糖形成的裂紋效果。我按照她的配方減糖，而且只使用蛋黃。混合巧克力與苦甜可可粉，帶來濃郁的可可味，但又不會過重。

可可脂含量60至70%的巧克力200克
含鹽奶油150克（室溫回軟）
粗紅糖100克
蛋黃2顆
香草精1小匙
T55麵粉180克
泡打粉1小匙
苦甜可可粉20克
砂糖
糖粉

隔水加熱或微波（最大500 W）方式將巧克力加熱至融化。

在這段期間，攪打奶油和粗紅糖。加入蛋黃、香草，持續攪打。倒入融化的巧克力，拌勻。

混合過篩的麵粉、泡打粉、可可粉，將粉類混入先前的混合物中。揉成麵團，分為2團，再揉成直徑約4公分的長條圓柱狀。包上保鮮膜，冷藏保存1小時。

將烤箱預熱至180℃。在1個小碟中倒入砂糖，另1個小碟倒入糖粉。取下保鮮膜，將圓柱狀麵團切成厚2公分的片狀。用手揉成約55至60克的小球。裹上砂糖，接著是糖粉，擺在烤盤裡。入烤箱烤約15分鐘。

12塊裂紋餅
準備：15分鐘
靜置：1小時
烘焙：15分鐘

SHORTBREADS
奶油酥餅

奶油酥餅是我最愛的沙布列餅乾。鬆酥程度恰到好處，最好略厚，並在表面形成小洞。奶油酥餅通常由1份白砂糖、2份奶油和3份麵粉製成，其中一部分可以像這裡用杜蘭小麥粉取代，也可以用玉米澱粉或米粉、在來米粉（會改變質地）代替。可以是圓形、三角形或矩形（手指狀），這也是我偏愛它的原因。在蘇格蘭的傳統中，這是節慶小餅乾（奶油是種奢侈品），在聖誕節和元旦享用，或者在新婚夫婦進入新家的門檻時，在新娘頭頂上打破這個奶油酥餅。

含鹽奶油200克（室溫回軟）
糖100克
T45麵粉200克
杜蘭小麥細粉（semoule de blé fine）100克
檸檬皮
香草莢粉

用電動攪拌機將奶油和糖攪打至形成乳霜狀質地。降低速度，這時加入麵粉和杜蘭小麥粉、果皮和香草莢粉。粉類混合均勻後即可停止攪拌。

鋪上1張保鮮膜，倒入電動攪拌機碗中的內容物，將麵團收攏成球狀，用保鮮膜包好。壓平，約略形成正方形，冷藏保存至少30分鐘。

將烤箱預熱至160°C。將麵團從冰箱取出，擀至1.5至2公分的厚度，接著裁成約8×2的長方塊狀。用叉子或直徑2至3公釐的竹籤以規則間距戳洞。擺在烤盤上，同時保持一定間距，因為麵團受熱會稍微攤平。入烤箱烤20分鐘。

約20塊奶油酥餅
準備：10分鐘
靜置：30分鐘
烘焙：20分鐘

SABLÉS VIENNOIS OU SPRITZ

維也納沙布列或擠花餅乾

這種基底採用酥脆塔皮麵團（pâte sablée，使用特別大量的奶油），和甜酥塔皮（pâte sucrée，使用糖粉、奶油乳化法，並用杏仁粉取代部分麵粉）的元素。這種基底製作出來的餅乾厚實、豐富、易碎，非常美味，特別是在加入融化巧克力後美味加倍。

半鹽奶油190克（極軟）
糖粉75克
香草精1小匙
蛋白30克
T55麵粉150克
杏仁粉75克

用電動攪拌機混合奶油和糖粉。混入香草精和蛋白。輕輕加入麵粉、杏仁粉，拌勻。在形成平滑麵團時停止攪拌。

將烤箱預熱至180℃。將麵團填入裝有大型星形花嘴（10號以上）的擠花袋。

將酥餅麵團擠在鋪有烤盤紙的烤盤上，擠出 M、S 和 O 的形狀。這種麵團柔軟但濃稠，在擠花時需稍微用力按壓擠出。入烤箱烤10分鐘，直到稍微上色。

ASTUCE 訣竅

以最高500W功率將100克的巧克力微波加熱至融化，並用酥餅輕輕蘸上巧克力。擺在烤盤紙上，靜置凝固。

10至12個酥餅
準備：10分鐘
烘焙：10分鐘

LES SPRITZ

d'Alexandre Cernec

亞歷山大·塞爾內的擠花餅乾

亞歷山大還是學生時就在書店工作，在聖誕節時為我們製作了含有杏仁、榛果和椰子的聖誕擠花餅乾。每年12月，他都會帶來一些擠花餅乾，讓大家非常開心。這種小餅乾的秘訣在於連接至手搖絞肉機上的擠花餅乾配件，可讓餅乾呈現出獨特的形狀（Spritzen 在德語中的意思是「噴射」、「飛濺」）。這原本是他曾祖母的配方，如今傳到他祖母瑪麗黛蕾絲（Marie-Thérèse）手上。亞歷山大小時候就是和祖母一起轉動鑄鐵製絞肉機的手柄，製作了這些餅乾，現在仍持續使用中！

含鹽奶油500克（膏狀）
砂糖500克
香草糖1包（約7.5克）
蛋3顆
T45（低筋）或 T55麵粉1公斤
泡打粉1包（約11克）
椰子絲、杏仁粉、榛果粉或杏仁片200克

前1天，在沙拉碗或電動攪拌機的鋼盆中，用打蛋器攪打奶油和糖。逐一加入蛋，接著是⅓過篩的麵粉，用木匙拌勻。加入另外⅓過篩的麵粉，接著是泡打粉，一起拌勻。倒入剩餘過篩的麵粉，混合至形成均勻麵團。

一次加入選擇的堅果或果乾，最後用手混合，讓粉類均勻分布（在此階段也能將麵團分為幾份，為每塊麵團進行不同的調味）。

在工作檯上，將麵團整合，包上保鮮膜。冷藏保存至少1個晚上，可以的話請冷藏保存2個晚上。

當天，將烤箱預熱至180℃。將攪肉機安裝上刀片和花嘴轉接頭。為每種口味選擇1種形狀，以利區別烤好的擠花餅乾。轉動手柄，擠出麵團，在達10公分後切斷。將擠花餅乾麵團揉成小棍狀、S形或圓環形，擺在鋪有烤盤紙的烤盤上。依想要的上色程度，入烤箱烤9至12分鐘。

擠花餅乾可以密封罐保存4至5星期。

2公斤350克的擠花餅乾
準備：15分鐘
靜置：1至2個晚上
烘焙：每爐9至12分鐘

COOKIES
AU BEURRE
DE CACAHUÈTE
花生醬餅乾

沒有人能忽視我對餅乾的熱情。如果只能選擇一種餅乾,那不妨選擇最正宗的美國風味。我很晚才發現花生醬,但我必須承認這種花生醬餅乾特別好吃,尤其是搭配巧克力豆和少許鹽。

花生醬 250 克
含鹽奶油 125 克
砂糖 125 克
粗紅糖 125 克
蛋 1 顆
泡打粉 ½ 小匙
香草精 ½ 小匙
T65 麵粉 180 克
巧克力豆 100 克

攪打花生醬、奶油和 2 種糖。加入蛋、泡打粉、香草精,拌勻。最後加入麵粉,拌勻即可。混入巧克力豆。

將烤箱預熱至 180℃。製作每顆 50 克的圓球狀麵團。擺在烤盤上,入烤箱烤 12 至 14 分鐘。

18 塊餅乾
準備:10 分鐘
烘焙:12 至 14 分鐘

Conseils 建議

你也能用同樣份量的生杏仁醬來取代一半的花生醬,成品妙不可言!

TZEMET KUCH

阿爾薩斯肉桂餅

這是我童年吃的餅乾，也是我母親現在還經常帶給我孩子吃的餅乾，這道配方來自我們阿爾薩斯的家庭筆記本。帶有肉桂香的酥餅，因具有一定的厚度而能保持柔軟。我祖母過去會鋪在塔模中（最好有可拆卸的底層），我則偏好使用正方形框模，因為更方便裁切。她會使用搓砂法製作麵團，我則發現用奶油和糖乳化會更簡單。

含鹽奶油125克（室溫回軟）
糖125克
蛋1顆
鹽1撮
T65麵粉 250克
糖
肉桂粉

混合奶油和糖。加入蛋和鹽，接著逐量加入麵粉，形成麵團。

將烤箱預熱至180℃。用手將麵團鋪在直徑20公分的圓形塔圈，或邊長18公分的正方形框模中。用刀縱向和橫向劃線，以便之後切割出正方形。撒上糖和肉桂粉。

入烤箱烤20分鐘。出爐後，再切成正方形（劃好的線條會因烘烤而略為閉合，但還是比不預先畫線要更容易處理）。

16塊方形餅乾
準備：10分鐘
烘焙：20分鐘

PETITS GÂTEAUX À LA PRESSE

擠花小餅

這有點像是打發奶油麵糊的基本配方。麵糊質地非常適合搭配餅乾擠花槍（presse à biscuits）使用，可進行「專業」整形。也可以簡單使用裝有星形大花嘴的擠花袋。主要的困難處在於製作理想的麵糊質地：不能太軟，也不能太硬，可輕鬆壓製，而且烘烤時不會攤開。

含鹽奶油175克（室溫回軟）
糖250克
蛋2顆＋蛋黃1顆
切碎的檸檬皮或香草籽1小匙
T65麵粉 350克

用打蛋器將奶油和糖攪打至形成淡色的乳霜狀。加入蛋和蛋黃，接著是檸檬皮（或香草籽），拌勻。最後逐量加入麵粉，一邊用木匙或手拌勻。

將麵糊填入餅乾擠花槍的罐中。選擇1種花樣的擠花片，旋緊固定。

將烤箱預熱至190℃。為烤盤鋪上烤盤紙。將擠花槍槍口平放在烤盤上，按壓手柄後鬆開。小心地將擠花槍提起，保持間距，再擠出另1個小餅乾麵糊。入烤箱烤約12分鐘，烤至餅乾的邊緣開始變為金黃色。

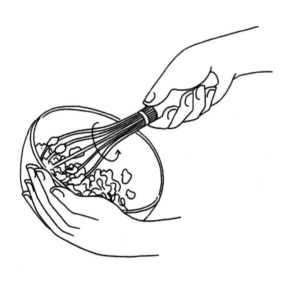

約40個小糕點
準備：10分鐘
烘焙：12分鐘

PÂTES
À GÂTEAUX
MONTÉES AUX
ŒUFS BATTUS

打發蛋液製成的麵糊

這種只使用蛋白的麵糊可做出鬆酥的餅乾。可將蛋白打至微發的蛋白霜，就能用來黏著乾料。有時必須打至硬性發泡，形成具細緻規則氣泡的穩定結構。

使用全蛋可製作出更柔軟的餅乾。當我們將全蛋和糖一起打至形成所謂的「緞帶狀」時，麵糊會儲存空氣，讓餅乾在烘烤時膨脹。

MACARONS À L'ANCIENNE
傳統馬卡龍

法國作家拉伯雷（Rabelais）曾在他1552年出版的《Quart Livre巨人傳第四卷》中提及。根據傳說，這種傳統馬卡龍是由義大利人凱瑟琳·德·麥地奇（Catherine de Médicis）帶入法國宮廷。傳統馬卡龍和修道會密切相關，因為我們可以在南錫卡梅爾（Carmel à Nancy）、在聖愛美濃（Saint-Émilion）的吳甦樂修會（ursuline），以及科爾默里（Cormery）修道院的本篤會修女的廚房中找到。直到革命將修女逐出修道院，凱薩琳·格里洛（Catherine Grillot）和伊麗莎白·莫洛（Élisabeth Morlot）開始在南錫銷售馬卡龍：「Sœurs Macarons馬卡龍姐妹」甜點店就此誕生。千萬別將這種馬卡龍與1880年代，在首都發明的吉貝（Gerbet）馬卡龍（或稱巴黎馬卡龍）相混淆，後者由甘那許結合的兩個餅殼所組成，杏仁含量要低得多。

生杏仁粉（amandes brutes en poudre）150克
糖200克
蛋白2顆（60克）
鹽1撮
苦杏仁精1小匙

前1天，混合杏仁粉和糖。用鹽將蛋白打至硬性發泡的蛋白霜，將杏仁粉和糖倒入打發蛋白霜中。加入苦杏仁精，用刮刀拌勻。形成團狀，包上保鮮膜，冷藏保存1個晚上（非必要的熟成期，但可醞釀出風味）。

當天，將烤箱預熱至150℃。為烤盤或烤箱的滴油盤鋪上烤盤紙。用湯匙和手製作每個約30克且略厚的小堆狀麵團，入烤箱烤15至20分鐘。

表面會稍微形成裂紋，但內部仍保持濕潤。待冷卻後再剝離烤盤紙。這款馬卡龍可在下層冰箱保存8至10日（以保持柔軟），而且必須在品嚐前1小時取出回溫。

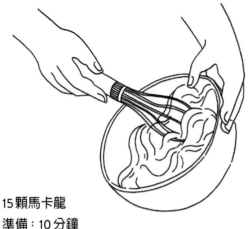

15顆馬卡龍
準備：10分鐘
靜置：1個晚上
烘焙：20分鐘

BISCUITS À LA CUILLÈRE

手指餅乾

蛋2顆
糖50克＋1大匙
T45或T55麵粉100克
糖粉

法國路易十八的外交大臣－塔列朗（Talleyrand）喜歡將餅乾浸泡在他的馬德拉酒中，然後用小玻璃杯飲用。因此必須用兩根湯匙整形，做出細長型的餅乾，而且具一定的堅實度，讓餅乾不會因為浸濕而瓦解，手指餅乾就此誕生。糕點師安東尼‧卡漢姆（Antonin Carême）想出了在天花板設置漏斗的點子，漏斗的開合由繩子控制，可視想要的糕點大小而定，送出部分的條狀麵糊。1847年，奧布里奧（Aubriot）發明了擠花袋，隨後特羅蒂埃（Trottier）發明了花嘴，方便甜點的製作。勿將這種較寬的手指餅乾與較細的手指餅乾（boudoir）相混淆，因為後者是以全蛋製作，不打發蛋白，成品更乾燥許多，而且撒上的是冰糖。

將蛋白和蛋黃分開。混合蛋黃和50克的糖拌勻。將蛋白打發成蛋白霜，在最後加入1大匙的糖。輕輕混合2種備料，最好是用軟矽膠刮刀。加入過篩的麵粉，攪拌至不殘留麵粉。

將麵糊填入裝有10號圓口花嘴的擠花袋（或將末端剪開），在烤盤上擠出長條狀的麵糊。

篩上糖粉。將烤箱預熱至150℃。在烤箱預熱好且即將烘烤之前，再度為麵糊篩上一次糖粉。入烤箱烤20分鐘。

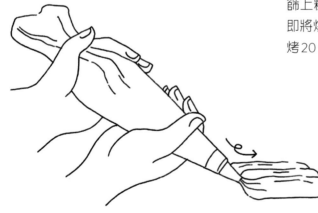

12至14塊餅乾
準備：20分鐘
烘焙：20分鐘

BRUNSLI
DE BÂLE
巴塞爾杏仁巧克力餅

這種小餅乾基本上是以介於花形和三葉草形之間的特殊形狀壓模裁切而成,名稱來自其棕色的色彩。為了方便起見,多年來我都會先製成片狀,然後再切成方塊。注意不要把麵團擀得太薄,因為它的特色是內部保持略為濕潤柔軟。

杏仁粉 250 克
糖 150 克
刨碎的黑巧克力 70 克
T65 麵粉 2 大匙
苦甜可可粉 2 大匙
肉桂粉 1 小匙
蛋白 3 顆(90 克)
檸檬汁 2 大匙
粗紅糖

在沙拉碗中混合杏仁粉、糖、巧克力、麵粉、可可粉和肉桂粉。將蛋白打至不要過硬的硬性發泡,加入檸檬汁,接著分幾次加入混合粉類。將麵團混合成均勻的球狀。

在鋪有烤盤紙的烤盤上撒粗紅糖,接著將麵團擀至厚約 1 公分且邊長 18 公分的正方形。用刀縱向和橫向劃線,再切割出邊長 3 公分的方塊狀,撒上粗紅糖(讓二面都覆蓋上粗紅糖)。在常溫下靜置 2 小時。

將烤箱預熱至 230℃,將餅乾入烤箱烤 7 分鐘。餅乾內部應保持柔軟。

將餅乾擺在烤盤上放涼後,再擺在網架上。

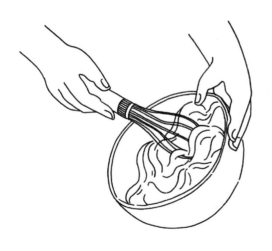

36 塊巴塞爾杏仁巧克力餅
準備:15 分鐘
靜置:2 小時
烘焙:7 分鐘

MERINGUES
蛋白餅

它是我的眼中釘，我多年來討厭的配方。既難吃（我覺得又乾又缺乏口感，而且過甜），也不好做（我做出的成品往往像橡膠）。後來我發現，它製成帕芙洛娃（pavlova 以蛋白餅、鮮奶油和新鮮水果為基底的甜點）尤其美味。於是我試著學會如何製作蛋白餅，這樣才不會再失敗。

蛋白3顆（約90克）
同樣重量的砂糖
同樣重量的糖粉

在沙拉碗或電動攪拌機的鋼盆中放入蛋白和砂糖，擺在裝有微滾沸水的平底深鍋中，隔水加熱至約45℃（可用手指測試，感覺很熱但仍可忍受的溫度）。離火，將蛋白打至帶有光澤，硬性發泡的蛋白霜。繼續攪打至蛋白霜冷卻。這時倒入過篩的糖粉，用刮刀拌勻。

將備料填入裝有花嘴的擠花袋，在2張鋪有烤盤紙的烤盤上擠出小堆狀的麵糊。

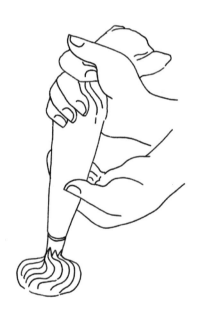

在旋風模式下將烤箱預熱至90℃。入烤箱烤3小時。留在熄火的烤箱中放涼。蛋白餅可以密封罐保存數日。

CONSEIL 建議

我個人偏好所謂的瑞士蛋白霜，即以隔水加熱法打發的蛋白霜，因為它可帶來我夢寐以求的結果。但你也可以選擇經典的法式蛋白霜，即先打發蛋白再用糖打發至結實（結果是外脆內軟）。而義式蛋白霜（在打發蛋白中倒入糖漿所製成）特別適用於檸檬塔，以及其他需用噴槍炙燒表面的糕點，例如熱烤阿拉斯加（omelettes norvégiennes）。

約30個小蛋白餅
準備：20分鐘
烘焙：3小時

TUILES
AUX AMANDES

杏仁瓦片

完美利用剩餘蛋白的配方。最經典，而且在家自製會更美味。我喜愛厚實但中央仍保留些許柔軟，且邊緣酥脆的瓦片餅乾。可塑形成具特色的曲形，或是保留平坦形狀。

含鹽奶油40克
杏仁粉125克
糖120克
T55麵粉50克
蛋白2大顆（70克）
香草精 ½ 小匙

在平底深鍋中，將奶油加熱至融化，並煮至上色，形成榛果奶油（beurre noisette）。放至微溫。

在沙拉碗中混合杏仁粉、糖和麵粉。用叉子輕輕將蛋白打散，倒入粉類中拌勻。加入香草精、微溫的榛果奶油，拌勻。

將烤箱預熱至180℃。在鋪有烤盤紙的烤盤上，製作18至20克（1大匙）的小堆狀麵糊，稍微間隔開來，並用湯匙匙背推壓成直徑5公分的圓餅狀。入烤箱烤約20分鐘。

分幾次烘烤，用擀麵棍將還溫熱的瓦片捲起，可形成曲形的瓦片餅乾。

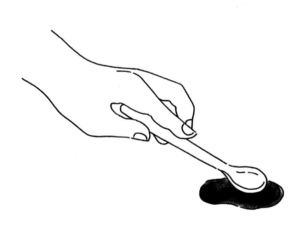

24片瓦片
準備：20分鐘
每爐烘焙20至25分鐘

LES ZIMTSTERNE

d'Eliane Cheung

張有敏的肉桂星餅

杏仁粉 260 克
糖粉 100 克
砂糖 60 克
肉桂粉 3 小匙
T65 麵粉 100 克
蛋白 80 克（2 大顆或 3 小顆）

Pour le glaçage 糖霜

糖粉 150 克
蛋白 1 顆
香草精 ½ 小匙

約 40 個肉桂星餅
準備：45 分鐘
烘焙：10 分鐘

我在 2000 年代末認識有敏，那時她剛開始經營名為 Mingou_Mango 的部落格。從那之後，我看到她在烹飪插畫領域發揮才華。我從沒有忘記她的聖誕小餅乾配方，因為這些星星已經陪伴我 15 年了。有敏是在維也納擔任法文助理時發現這款聖誕小餅乾的傳統，並在她回國時帶回了相關的糕點書（德語），最終根據一本非德國的古老著作，修改了肉桂星餅的配方！這些星星因其形狀和糖霜而帶來令人驚豔的效果，而且出奇柔軟芳香。

在大型的沙拉碗中混合杏仁粉、糖、肉桂粉和麵粉。用叉子輕輕將蛋白打散，加入粉類中，拌至形成球狀麵團。

將烤箱預熱至 150℃。在撒有麵粉的工作檯上，將麵團擀至 1 公分的厚度。用壓模裁成星形，擺在鋪有烤盤紙的烤盤上，入烤箱烤 10 分鐘。將星星放涼後擺在網架上。

為了製作糖霜，將烤盤紙擺在網架下方。在星星完全冷卻時，輕輕將糖粉混入打發成泡沫狀的蛋白中，接著加入香草精。

用糕點刷或裝有花嘴的擠花袋，為星形餅乾的表面加上糖霜。靜置乾燥後再保存在密封罐中。

PETITS-FOURS CACAOTÉS À LA FOURCHETTE

叉紋可可餅乾

帶有美味可可味的鬆酥餅乾，以櫥櫃裡的食材便能製成。這種麵團製作起來輕鬆愉快，而且以少許鹽之花就能帶來一切的平衡。

蛋2顆
糖150克
香草精1小匙
葵花油或芥花油160毫升（略少於150克）
T55麵粉300克
苦甜可可粉30克
小蘇打粉1小匙
鹽之花1撮

在沙拉碗中將蛋、糖和香草精攪打至混合並形成緞帶狀。倒入油，拌勻。

將麵粉、可可粉和小蘇打粉過篩。加入上述備料中，攪拌至形成平滑均勻的麵團。包上保鮮膜，冷藏保存30分鐘。

將烤箱預熱至180℃。麵團揉成30顆小麵球，擺在鋪有烤盤紙的烤盤上。用叉齒按壓，在表面壓出條紋，接著撒上鹽之花。入烤箱烤約12分鐘。

約30塊餅乾
準備：10分鐘
靜置：30分鐘
烘烤：12分鐘

ROCHERS
À LA NOIX
DE COCO
椰子岩石巧克力

椰子絲200克
蛋白6顆（180克）
糖90克
檸檬或柳橙皮

這是我最早製作的餅乾之一，極其簡單。我的祖母過去常用湯匙塑形，為了讓形狀更規則，亦可使用裝有星形花嘴的擠花袋擠出麵糊，或是使用迷你金字塔、或迷你球形的矽膠模來塑形。依椰子絲的新鮮度和細緻度而定，成品可能密實或易碎。

在沙拉碗中依序混合所有食材，用裝有微滾沸水的平底深鍋隔水加熱，一邊輕輕攪打，讓混料充分混合。

將烤箱預熱至150℃。在刷上奶油或油的烤盤上，製作每堆約20克的小堆麵團，入烤箱烤約15分鐘。

為了增加美味度，可將岩石底部浸入融化的巧克力中，然後用蘸有融化巧克力的叉子在表面進行裝飾。

約20顆岩石巧克力
準備：5分鐘
烘焙：15分鐘

ASTUCE 訣竅

加熱以蛋白為基底的備料，可避免完成的椰子岩石餅乾過於易碎。

AMARETTI MOELLEUX AU CITRON

d'Alessandra Pierini

亞歷珊卓·皮耶希尼的
檸檬軟芯杏仁餅

當我詢問巴黎 Rap 食品雜貨店的亞歷珊卓·皮耶希尼（Alessandra Pierini）她夢幻的小餅乾是什麼？她本能地回答「柔軟的檸檬杏仁餅」，因為這是人人都愛，而且輕鬆好做的小餅乾。我試做了她的配方，得到絕對令人難以置信的結果，柔軟到入口即化，而且帶有美味的杏仁味。

蛋白2顆
杏仁粉200克
糖粉100克＋撒在表面用量
檸檬皮1顆
苦杏仁精 ½ 小匙

在靜態熱模式下將烤箱預熱至180℃。將蛋白打發至形成泡沫狀。加入所有食材，輕輕拌勻。

用手揉成12顆小球，稍微壓扁，擺在鋪有烤盤紙的烤盤上。入烤箱烤12至15分鐘。表面一形成裂紋就取出（在上色之前），立刻篩上糖粉。

放涼後再品嚐。檸檬軟芯杏仁餅可以密封罐保存數日，若個別以烤盤紙包裝，則可保存更長時間。

12個義式杏仁餅
準備：10分鐘
烘焙：12至15分鐘

MOELLEUX À LA CONFITURE

果醬軟芯

柔軟蓬鬆、帶有果醬且無油脂的小糕點。最好使用迷你薩瓦蘭（mini-savarin）模型（方形、圓形或橢圓形），因為這種形狀可直接入模並放入果醬。若使用傳統模型（迷你瑪芬、船形餅乾...），應一出爐就脫模，並用拇指或木匙柄挖出放果醬的凹槽。

蛋3顆
鹽1撮
糖70克
T65麵粉 75克
自行選擇的果醬

將烤箱預熱至180℃。將蛋白和蛋黃分開。在沙拉碗中將蛋白和鹽一起打發成泡沫狀。打發過程中，加入糖，繼續攪打至形成帶有光澤的蛋白霜。

這時加入3顆蛋黃，再度攪打拌勻。最後倒入麵粉，用刮刀輕輕拌勻。

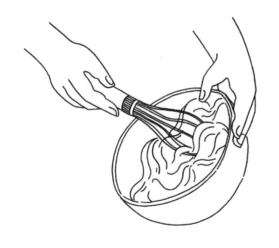

將麵糊倒入船形模或圓形（或方形）的迷你薩瓦蘭模型中。視模型大小而定，入烤箱烤15至20分鐘，烤至小蛋糕開始呈現金黃色。一出爐就脫模，如果模型沒有凹槽，就自行挖出凹槽。

這時放入果醬，讓果醬凝固。亦可使用麵包抹醬或鹽味焦糖（caramel au beurre salé）來取代果醬。果醬軟芯可以密封罐保存3日。

約30個「船形餅乾」
準備：15分鐘
烘焙：12至15分鐘

ASTUCE 訣竅

若選擇的果醬太稀，請立即用小火濃縮幾分鐘。

PÂTES
À GÂTEAUX
MÉTHODE
SABLAGE
搓砂法製成的麵團

這是一種最簡單的麵團，用手指將油脂混入麵粉中。如果你使用的是奶油或豬油，重點是在冰涼時加入，而且不要過度揉捏麵團，以免麵筋過度延展，導致酥餅過硬。成品的口感、是否酥碎…都取決於搓砂法進行的方式、麵粉／杏仁粉／澱粉的比例。

BISCUITS NAPPÉS CHOCOLAT ET COCO
巧克力椰子淋醬餅乾

這種餅乾在Delacre餅乾盒中稱為比亞里茨（Biarritz），在Lu綜合點心盒中叫做椰子寶藏（Trésor Noix de coco）。這種小餅乾覆蓋著一層巧克力並撒上椰子絲。為了強化椰子風味，我也會在麵團中加入椰子絲。非常酥脆，不會很甜，而且絕對可口！

T55麵粉145克
椰子絲25克
糖75克
泡打粉 ½ 小匙
切塊且冰涼的含鹽奶油85克

Pour le nappage 淋醬
烘焙巧克力（chocolat pâtissier）100克（可視個人口味而定，選擇黑巧克力或牛奶巧克力）
椰子絲20克

在大型沙拉碗中混合麵粉、椰子、糖和泡打粉。加入奶油，用指尖混合。加入2至3大匙的冷水（份量外），揉成球狀麵團。包上保鮮膜，冷藏保存至少1小時。

將烤箱預熱至180℃。將麵團夾在2張烤盤紙之間，擀至5公釐的厚度。裁成直徑5公分的圓餅狀，擺在鋪有烤盤紙的烤盤上。

入烤箱烤15分鐘，將餅乾翻面，再烤5分鐘（目的是將二面都烤成金黃色，而且餅乾體乾燥不濕軟）。放涼。

製作淋醬。用隔水加熱或微波（最大500W）方式將巧克力加熱至融化。為餅乾的其中一面淋上淋醬，接著用烤架或叉子按壓表面，形成紋路，接著再撒上椰子絲。在常溫下放至凝固變硬。

約15片餅乾
準備：15分鐘
靜置：1小時
烘烤：25分鐘

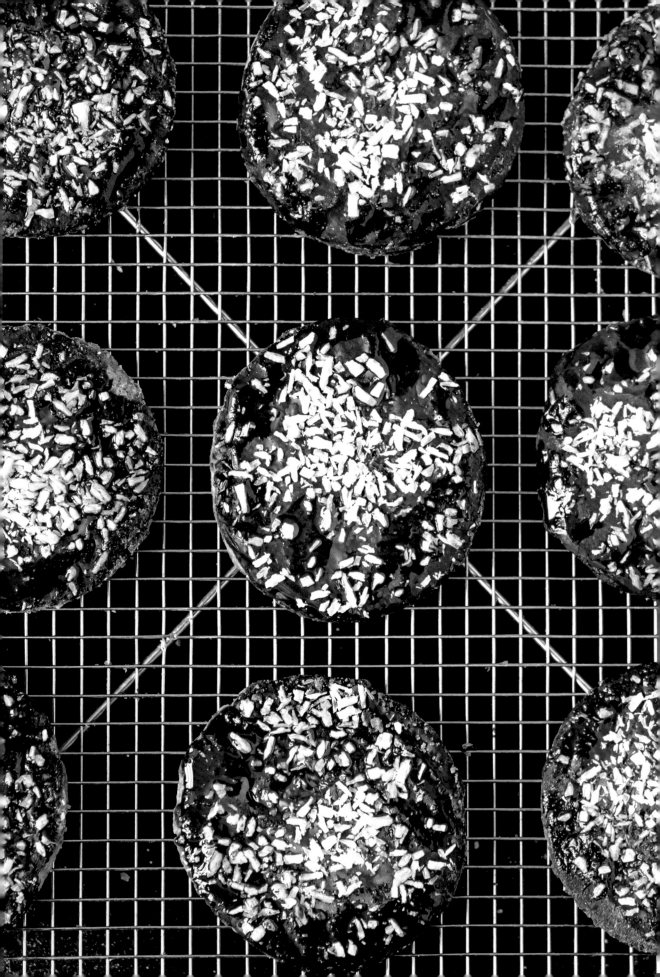

MANTECAOS
豬油杏仁糕

豬油杏仁糕是一種非常易碎的安達盧西亞小糕點，入口即化，傳統上會以肉桂粉或檸檬皮調味。名稱來自用於製作這種糕點的豬油（manteca），但傳至北非時以液體油取代，變化版的名稱叫做 ghribia。我喜歡用橙花水為麵團調味。

T55麵粉250克
糖粉100克
泡打粉2撮
冷豬油、葵花油，或橄欖油與葵花油的混合油125克
橙花水幾滴
肉桂粉

將烤箱預熱至210℃。在沙拉碗中混合麵粉、糖粉和泡打粉。加入切丁的豬油或緩緩倒入液體油，同時持續用手攪拌（這是易碎脆弱的麵團）。加入橙花水。

揉成大小同高爾夫球的麵球（每顆約40克）。擺在鋪有烤盤紙的烤盤上，篩上肉桂粉，入烤箱烤5分鐘。將烤箱溫度調低至150℃，再烤15分鐘。

注意，出爐後這種糕點非常脆弱。應放涼再處理，以免弄碎。

12塊豬油杏仁糕
準備：10分鐘
烘烤：20分鐘

BISCUITS SECS AU SÉSAME

de Giuseppe Messina

朱塞佩·梅西納的芝麻餅乾

雷吉內爾（reginelle）是脆口的芝麻餅乾，在西西里島的巴勒莫（Palerme）地區非常受歡迎。這是巴黎Pane e Olio餐廳，主廚兒時的小糕點，他對烘烤芝麻令人上癮的美味永不厭倦。如同許多義式餅乾，這種餅乾是以豬油製成的，因而形成特殊的質地。

T55麵粉300克
冷豬油或奶油200克
糖100克
蛋1顆
鹽1撮
芝麻100克

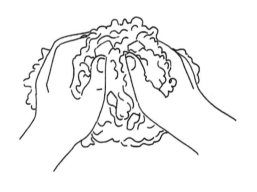

將芝麻以外的所有食材倒在工作檯上，用手搓揉（可加入2至3大匙的水，份量外）至形成軟麵團。揉成球狀，蓋上毛巾，在常溫下靜置至少1小時。

將烤箱預熱至180℃。將麵團鋪在工作檯上，揉成長5至6公分且直徑2公分的小長條狀。滾動麵條時將邊緣向中心輕輕拍打捲起，以避免表面出現裂縫。

外層裹上芝麻，擺在鋪有烤盤紙的烤盤上。入烤箱烤約20分鐘，烤至餅乾開始變為金黃色。

24塊餅乾
準備：20分鐘
靜置：1小時
烘焙：20分鐘

SCHENKELE

阿爾薩斯炸麵團

阿爾薩斯肉桂餅 tzemet kuch（見54頁）確實是猶太人的特色糕點，而阿爾薩斯炸麵團則是在阿爾薩斯廣為流傳的配方。因為呈紡錘形，其名稱原意為「女士的大腿」。我的家族配方不含杏仁粉，是非常基本的材料，容易製作，但成品質地非常密實，因此我重新改良以獲得更細緻的口感。

蛋3顆（150克）
糖150克
中性油3大匙
杏仁粉100克
鹽1撮
泡打粉1撮
T55麵粉350克
油炸用油
糖粉或香草糖（非必要）

在沙拉碗中將蛋和糖攪拌至泛白。加入油，接著是杏仁粉、鹽、泡打粉，最後逐量加入麵粉，先用湯匙攪拌，接著用手搓揉。

將麵團揉成馬鈴薯形或橄欖球形，每塊約15克。唯一的重點是麵團不能太薄，也不能太厚，因為將進行激烈的油炸。如果太厚，表面會燒焦但內部不熟；如果太薄，就會過熟。

在油炸鍋或極大的平底深鍋中，將炸油加熱（至160°C）請使用很熱（但不會冒煙！）的油分批炸麵團。撈起在吸水紙上瀝乾，可撒上糖粉或香草糖享用。

約50個阿爾薩斯炸麵團
準備：30分鐘
每批約炸5分鐘

SABLÉS LINZER À LA FRAMBOISE

林茲覆盆子酥餅

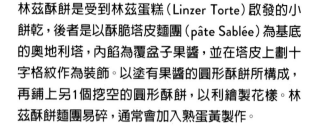

林茲酥餅是受到林茲蛋糕（Linzer Torte）啟發的小餅乾，後者是以酥脆塔皮麵團（pâte Sablée）為基底的奧地利塔，內餡為覆盆子果醬，並在塔皮上劃十字格紋作為裝飾。以塗有果醬的圓形酥餅所構成，再鋪上另1個挖空的圓形酥餅，以利繪製花樣。林茲酥餅麵團易碎，通常會加入熟蛋黃製作。

水煮蛋黃（jaunes d'œufs durs）3顆
T55麵粉150克
杏仁粉25克
糖粉25克
肉桂粉 ½小匙
半鹽奶油140克（室溫回軟）
香草精1小匙
糖粉
覆盆子果醬

以網篩將水煮蛋黃過篩（我會使用濾茶器，並用湯匙按壓）。

在沙拉碗或電動攪拌機的鋼盆中，倒入麵粉、杏仁粉、糖粉、肉桂粉與過篩蛋黃一起拌勻。混入切丁的奶油、香草精，將麵團攪拌至均勻。包上保鮮膜，冷藏保存至少1小時。

將烤箱預熱至180℃。將麵團夾在2張烤盤紙之間，擀至2至3公釐的厚度。用壓模裁成圓餅狀。將一半的圓餅再以多種形狀的壓模挖空（形成圓環、星形、心形、花形等），接著擺在鋪有烤盤紙的烤盤上。入烤箱烤12分鐘，烤至餅乾略呈金黃色（注意，挖空的圓餅會更快熟）。

在烤盤上放涼（餅乾出爐時很脆弱，不要在這時處理）。為挖空的餅乾篩上糖粉。為完整的餅乾鋪上少許果醬，接著覆蓋上挖空的餅乾。林茲覆盆子酥餅可以密封罐保存數日。

12個直徑7.5公分的大酥餅，
或約20個小酥餅
準備：20分鐘
靜置：1小時
烘焙：15分鐘

PAINS CACAO ET NOISETTES

可可榛果餅乾

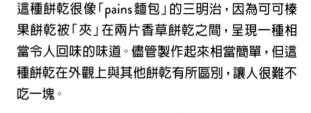

這種餅乾很像「pains 麵包」的三明治，因為可可榛果餅乾被「夾」在兩片香草餅乾之間，呈現一種相當令人回味的味道。儘管製作起來相當簡單，但這種餅乾在外觀上與其他餅乾有所區別，讓人很難不吃一塊。

T55麵粉300克
含鹽奶油200克
糖粉100克
蛋1顆
榛果70克
苦甜可可粉15克
香草精1小匙

在沙拉碗中放入麵粉，在麵粉中將切成丁的奶油用指尖搓至砂狀。加入糖粉、蛋，拌勻成團。將麵團分為⅔和⅓份（約430克和220克）。在較大的麵團中混入榛果和可可粉，在另一個麵團中混入香草精。將麵團分別揉成球狀，冷藏保存至少1小時。

將香草麵團擀至形成30×8公分，且厚約5公釐的長方形。切成2條寬4公分的帶狀。將可可榛果麵團擀至形成30×4公分，且厚2至3公分的長方形。將可可榛果麵團擺在2條帶狀的香草麵皮中間。包上保鮮膜，冷藏保存30分鐘。

用鋒利的刀切成厚5公釐的片狀。擺在鋪有烤盤紙的烤盤上，冷藏保存15分鐘。

將烤箱預熱至180℃，入烤箱烤12至14分鐘。在烤盤上放涼後再保存。

約50塊餅乾
準備：30分鐘
靜置：1小時45分鐘
烘焙：12至14分鐘

GALETTES NANTAISES
南特酥餅

這是最經典的酥餅之一，表面的條紋和漂亮的金黃色澤讓人一眼就能認出。不知這是否就是小紅帽帶給祖母的酥餅，還是經典繪本《Roule galette 酥餅逃跑記》裡提及的餅乾，但這種酥餅肯定是大家想像中的樣子。

T65麵粉 250克
含鹽奶油125克
蛋黃4顆＋蛋液1顆
糖125克
杏仁粉60克
鹽1撮

在沙拉碗中放入麵粉、切丁奶油，接著用指尖搓至砂狀。加入蛋黃、糖、杏仁粉和鹽。揉成球狀。

在撒有麵粉的工作檯上，將麵團擀成4至5公釐的厚度，裁成直徑約8公分的圓形。用叉齒劃出線條，接著塗上蛋液。

將烤箱預熱至180℃。放入烤箱烤10分鐘。將烤箱溫度調高至200℃，再度刷上一次蛋液，接著再烤3分鐘。

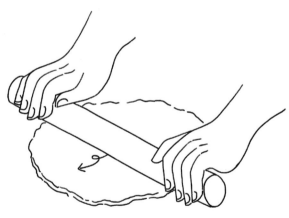

16個酥餅
準備：10分鐘
烘焙：13分鐘

NAVETTES DE MARSEILLE

馬賽梭形餅乾

馬賽梭形餅乾傳統上是原味或以橙花水調味，而普羅旺斯梭形餅乾則會用檸檬皮調味，而且更軟。這種小糕點的形狀靈感來自法國卡馬格（Camargue）地區的船，船上載了3位名叫瑪麗的女性（見證耶穌復活的聖瑪麗）。姬哈汀對無與倫比的馬賽梭形餅乾的超級秘方懷抱著絕對的熱情，這種餅乾口感格外酥脆。為了避免比較的風險，我選擇了較柔軟的版本。

含鹽奶油30克
糖80克
蛋1顆＋上色用蛋黃1顆
橄欖油50毫升
橙花水1大匙
T65麵粉250克
鹽1撮
檸檬皮 ½ 顆或柳橙皮 ½ 顆

混拌奶油和糖，形成乳霜狀。加入混合好的蛋、油、水、橙花水，拌勻，同時將沙拉碗或電動攪拌機鋼盆內壁的材料刮乾淨。這時加入麵粉、鹽和果皮，攪拌至形成均勻平滑的麵團。

將麵團分成12塊（每個約50克）。在撒上麵粉的烤盤上，視想要的厚度而定，將麵團整形成梭形與想要的厚度。將梭形麵團擺在刷上奶油的烤盤上，彼此相距幾公分，這樣烘烤攤開時就不會黏在一起。用小刀在每個梭形麵團正中央劃出切口，一直劃至距離兩端1公分處。在常溫下無風處靜置1至2小時。

將烤箱預熱至180℃。用刷子蘸取以少量水稀釋的蛋黃液，刷在梭形麵團表面，入烤箱烤約15分鐘。梭形餅乾在烤箱中停留的時間，視餅乾的厚度而定。

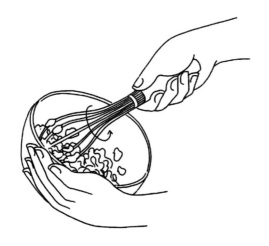

12塊梭形餅乾
準備：20分鐘
靜置：1至2小時
烘焙：15分鐘

PÂTES
À GÂTEAUX
AU MIEL OU AU
SIROP DE SUCRE
蜂蜜或糖漿製成的麵團

在此，我們暫別「餅乾」，來到更絢麗（有些人甚至會
說是更美味）的特色糕點世界。麵團不再是金黃色的，而
是褐色的，而且經常會加入肉桂、薑、小豆蔻等香料。蜂
蜜、糖蜜、糖漿通常會和奶油一起加熱，有時則是和牛奶
及糖一起煮，以便充分溶解。這也是我們會用小蘇打粉而
非泡打粉製作的小糕點。

FLORENTINS

佛羅倫汀

這些一口大小的小糕點介於蛋糕和糖果之間。儘管必須以杏仁片為基底，但還是可以加入各種想像：糖漬水果、開心果、黑巧克力、白巧克力或牛奶巧克力...。這是道需要一些技巧的配方，因為必須製作焦糖，接著要烘烤，最後還要淋上融化的巧克力，但非常值得！

含鹽奶油（beurre salé）100克
粗紅糖100克
蜂蜜80克
糖漬水果100克（切碎）
杏仁片100克
T45麵粉 50克
烘焙巧克力（chocolat pâtissier）100克
（可視個人口味而定，選擇黑巧克力或
牛奶巧克力）

將烤箱預熱至180℃。在平底深鍋中，將奶油、粗紅糖和蜂蜜加熱至融化，煮至形成琥珀色的焦糖。加入糖漬水果、杏仁片和麵粉，充分攪拌。

將麵糊倒入矽膠模型（直徑6公分且深1公分的多孔連模）中，入烤箱烤約20分鐘。注意，這種混合液在烤箱內沸騰時經常會溢出。因此很重要的是，勿將內餡填得過滿，並將模型擺在烤盤上，以免噴濺至烤箱內壁。

放至微溫後再脫模（焦糖熱的時候無法進行）。佛羅倫汀會因油脂而發亮，這時擺在烤盤紙上，去除模型上噴濺的焦糖。

將巧克力加熱至融化，倒入模型的孔洞內形成薄薄一層，再放入佛羅倫汀，以形成包覆底層的巧克力。將佛羅倫汀放至完全冷卻後再脫模。佛羅倫汀冷藏可保存約8日（巧克力可能會變為霧白）。

ASTUCE 訣竅

我建議使用矽膠模型，不但可在各個階段輕鬆脫模而無須中途清潔，而且即使不調溫也能讓巧克力充滿光澤。

20片佛羅倫汀
準備：15分鐘
烘焙：20分鐘

LES MAKROUTS
EL LOUZ
de Louiza
路易莎的阿爾及利亞杏仁糕

我在Twitter上認識路易莎，經過二次關於法律、政治、女權主義或戲劇等瑣碎的討論後，我們很快就開始進行廚藝的交流。她的祖父母每年會到法國一次，每次都會帶著裝滿糖果的行李，對她而言，阿爾及利亞杏仁糕是甜美而復古的糕點，也是她與祖父母的童年回憶，後來成了她在開齋節（Aïd el-Fitr）時必不可少的糕點。即使意志力再強，也無法控制咬下一口，糖粉在嘴裡爆開來的美妙感受。

去皮杏仁粉500克
糖200克（路易莎的媽媽會加250克）
檸檬皮碎1大顆
食用檸檬香精幾滴（非必要）
蛋2大顆
玉米澱粉1大匙（非必要）
糖粉500克

Pour le sirop 糖漿
水2份
糖1份
橙花水2小匙

製作糖漿。將水和糖煮沸，接著微滾約10分鐘。關火加入橙花水，放涼。

在大型沙拉碗中混合杏仁粉和糖。加入果皮碎，也可加入檸檬香精，接著是蛋。用手拌勻，必須攪拌至形成柔軟而不黏手的麵團。

將烤箱預熱至150℃。將麵團揉成直徑4公分的長條狀（如有需要可放在玉米澱粉中滾動），從兩端均勻向中央輕拍（可避免麵團裂開）。用刀將長條狀麵團切成邊長4公分的菱形。塑形，將2側捏至平滑，表面保持鼓起（可用切麵刀輔助）。將菱形麵團擺在鋪有烤盤紙的烤盤上。入烤箱烤約15分鐘。放涼。

將冷卻的杏仁糕浸入同樣是冷的糖漿，瀝乾後擺在網架上。

將糖粉倒入大碗或冷凍袋中，放入杏仁糕裹上糖粉。重複這項步驟，並以拇指朝同一方向將杏仁糕表面撫平。

24個阿爾及利亞杏仁糕
準備：30分鐘
烘焙：15分鐘

ASTUCE 訣竅

注意，千萬不要將杏仁糕烤成褐色，必須讓表面保持淺色，底部呈現淡淡的金黃色，如此可保持柔軟。

GINGERBREAD (WO)MEN
薑餅人

薑餅人是法國東部非常流行的經典餅乾,並因卡通角色而廣為人知。每年聖誕節期間,我都會製作薑餅人來搭配以糖果裝飾的薑餅屋。

牛乳20克
含鹽奶油100克
濃醇蜂蜜(森林、冷杉、常綠灌木叢)或
糖蜜(mélasse)100克
肉桂粉2小匙
薑粉1小匙
粗紅糖100克
泡打粉1小匙
小蘇打粉1小匙
T65麵粉300克
蛋1顆
彩色巧克力米、葡萄乾或皇家糖霜
(非必要,用來裝飾)

在平底深鍋中加熱牛乳、奶油、蜂蜜和2種香料。在奶油融化時,加入粗紅糖,充分攪拌至糖溶解。加入泡打粉和小蘇打粉(混料將會起泡)。

在沙拉碗中倒入麵粉,加入打好的蛋,接著是微溫的牛乳混料。用木匙攪拌至形成麵團。冷藏保存至少30分鐘至1小時。

將烤箱預熱至180℃。在撒有麵粉的工作檯上將麵團擀開,用壓模裁出人形,可用巧克力或葡萄乾裝飾,入烤箱烤10分鐘。

冷卻後,也可用皇家糖霜為薑餅進行裝飾。

約30個薑餅人
準備:10分鐘
靜置:30分鐘至1小時
烘焙:10分鐘

ASTUCE 訣竅

這種麵團提前幾天製作也毫無問題,只要冷藏保存,還可以用此方式熟成來提升風味。

CIGARES
AU MIEL ET
AUX AMANDES

蜂蜜杏仁卷

我最喜歡的糕點之一，甜得要命 ... 但品嚐時聞著橙花的香味，真是一大享受！我的叔叔嬸嬸經常會在猶太節日購買這種小糕點，這也是我過去經常迫不及待到他們家拜訪的原因。春捲皮為表面賦予酥脆質地，而杏仁糊則形成柔軟的內餡。但要當心蜂蜜糖漿，你可能會沾得滿手都是 ...

春捲皮（feuille de brick）8張
含鹽奶油100克（融化）
切碎的杏仁、開心果或芝麻（非必要）

Pour la farce 內餡
杏仁粉240克
糖80克
橙花水4大匙
苦杏仁精1大匙

Pour le sirop de miel 蜂蜜糖漿
水50毫升
橙花蜜（miel d'oranger）200克

將烤箱預熱至180℃。混合所有內餡材料，揉成16顆小球（每顆約20克），再將每一份揉成長約8公分的長條狀。

將春捲皮切半，刷上奶油，在每個圓邊上放上1條內餡。將圓邊朝內餡的方向折起，接著將兩端朝中央折起，將內餡完全包覆。接著朝前滾動捲起，勿捲得太緊，以免在烘烤期間爆裂。將杏仁卷擺在烤盤上，用糕點刷刷上奶油，入烤箱烤20至25分鐘。

在這段時間製作蜂蜜糖漿，將水和蜂蜜煮沸5分鐘。將仍溫熱的杏仁卷擺在深烤盤中，淋上糖漿。以糖漿充分覆蓋後，取出擺在烤盤紙上「晾乾」。

ASTUCE 訣竅

亦可為淋上糖漿的杏仁卷兩端裹上切碎杏仁、開心果或芝麻。

16個杏仁卷
準備：15分鐘
烘焙：20至25分鐘

hachées, ou dans du sésame.

BISCUITS ANZAC
澳紐軍團餅乾

澳紐軍團餅乾是由燕麥片、椰子和糖漿（金黃糖漿）製成的餅乾，名稱源自第一次世界大戰的澳洲和紐西蘭軍團（Australian and New Zealand Army Corps）。這種餅乾的保存時間特別長，但比我們祖父母所謂的「軍糧」要軟得多。

T55 麵粉 100 克
燕麥片（flocons d'avoine）100 克
椰子絲 90 克
鹽 1 撮
含鹽奶油（beurre salé）120 克
金黃糖漿（golden syrup）60 克
初階金砂糖（vergeoise blonde）40 克
小蘇打粉 1 小匙

將烤箱預熱至170℃。在沙拉碗中混合麵粉、燕麥片、椰子和鹽。

在平底深鍋中，將奶油、糖漿和糖加熱至融化。加入小蘇打粉，用力攪打（混料將起泡）。將融化奶油倒入乾料中拌勻。

揉成20顆球（每顆約25克），間隔開來，擺在烤盤上。入烤箱烤約12分鐘。在烤盤上放涼，讓餅乾硬化。

約20片餅乾
準備：10分鐘
烘焙：12分鐘

NONNETTES
諾內特小蛋糕

諾內特小蛋糕是輕淡的香料麵包,傳統上會以柳橙醬作為內餡,再鋪上糖衣。在香料麵包製造商將諾內特小蛋糕佔為己有之前,可能是由孚日省(Vosges)雷米爾蒙市(Remiremont)的修女們所發明,尤其在蘭斯(Reims)和第戎(Dijon)特別普遍。現代版的諾內特小蛋糕也有推出其他口味,而我對黑醋栗情有獨鍾。視果醬的稠度而定,果醬可能會下沉,被上升的麵糊所覆蓋,或是停留在表面。

牛乳200克
糖50克
栗子花蜜200克
含鹽奶油70克
香料麵包綜合香料1小匙(若不喜歡茴香,就用肉桂粉1小匙和薑粉1撮來取代)
T55麵粉200克
黑麥麵粉(farine de seigle)75克
小蘇打粉10克
柳橙或黑醋栗果醬(以小火收乾濃縮)

Pour le glaçage 糖衣
糖粉50克
水20克
檸檬汁少許

將烤箱預熱至180℃。在平底深鍋中混合牛乳、糖、蜂蜜和奶油,煮沸至糖和奶油融化,形成漂亮的糖漿。加入香料,拌勻後放至微溫。

將2種麵粉和小蘇打粉一起過篩至沙拉碗或電動攪拌機的鋼盆中,加入糖漿,快速攪拌至形成均勻的漂亮麵糊。

將麵糊倒入矽膠瑪芬模中至半滿,放涼幾分鐘後,在表面中央加入1小平匙的果醬(原則上要讓果醬在烤好後仍停留在諾內特小蛋糕中央)。入烤箱烤20分鐘。放涼15分鐘後再脫模。

製作糖衣,混合糖粉、水和檸檬汁。在諾內特小蛋糕表面刷上糖衣,凝固後以密封罐保存,待24小時後再品嚐,以醞釀風味。

準備:20分鐘
靜置:24小時
烘焙:20分鐘

HARISSA
À LA PISTACHE
ET À LA ROSE

玫瑰開心果哈里薩

視國家而定，亦稱為巴布薩（basboussa）或納穆拉（namoura）。這是一種由硬質小麥粉和堅果粉（杏仁、開心果、椰子）製成的糕點，有時還含有優格，並刷上以玫瑰水或橙花水調味的浸泡糖漿，因此和北非的 harissa 哈里薩辣醬沒有任何關係！

開心果粉 200 克
中等粒度的硬質小麥粉（semoule moyenne）
300 克
糖 65 克
泡打粉 1 小匙
鹽 1 撮
蛋 2 顆
希臘優格 150 克
中性油 100 克
玫瑰水 1 大匙
開心果 30 克（約略切碎）

Pour le sirop 糖漿
水 70 克
糖 120 克
玫瑰水 1 大匙

製作糖漿。將水和糖煮沸，接著微滾約 10 分鐘。關火，加入玫瑰水，放涼。

在沙拉碗中放入開心果粉、小麥粉、糖、泡打粉和鹽。拌勻後在中央挖出凹槽。在凹槽中倒入混合好的蛋、優格、油和玫瑰水。用湯匙混合食材（麵糊很黏）。

為 30×20 公分的焗烤盤（plat à gratin）刷上奶油並撒上麵粉，倒入麵糊。用刮刀壓實，並將每處表面都抹至平滑。用刀縱向和橫向劃線，預先切割出 5 公分的正方形。冷藏保存 15 分鐘。

將烤箱預熱至 200℃。入烤箱烤 25 至 30 分鐘，烤至變為金黃色。

一出爐就為未脫模的蛋糕逐量並均勻淋上冷卻的糖漿，撒上大量的開心果碎。將蛋糕放至完全冷卻後，依烘烤前已經預先劃好的線條切塊。

約 20 個哈里薩
準備：15 分鐘
靜置：15 分鐘
烘焙：25 至 30 分鐘

LEBKUCHEN
香料餅乾

這些香料餅乾是德國紐倫堡市（Nuremberg）的特產。如同大多數的香料餅乾，由於小蘇打會與蜂蜜中的酸反應釋放二氧化碳，因而具有膨脹的特性。用擀麵棍將這濃稠的麵團擀開，並用刀或壓模進行裁切。香料餅乾通常會再刷上糖衣。

蜂蜜250克
粗紅糖250克
含鹽奶油30克
牛乳2大匙
T55麵粉麵粉400克
小蘇打粉 ½ 小匙
香料麵包綜合香料（mélange d'épices à pain d'épice）2小匙
杏仁50克（切碎）
糖漬橙皮125克

Pour le glaçage 糖衣
糖粉100克
水2大匙
櫻桃酒或檸檬汁1大匙

將烤箱預熱至150℃。在平底深鍋中加熱蜂蜜、粗紅糖、奶油和牛乳，一邊攪拌至糖充分溶解。煮沸，關火，放至微溫。

在沙拉碗或電動攪拌機的鋼盆中，倒入麵粉、小蘇打粉和香料麵包綜合香料。倒入微溫糖漿，一邊用湯匙攪拌，或用電動攪拌機以慢速攪拌，最後混入杏仁碎和糖漬橙皮。

將麵團放在撒有麵粉的工作檯上，雙手蘸上麵粉（因為麵團會黏手），輕輕揉成平滑密實的球狀。將麵團擀至8公釐的厚度，切成長方形，或用壓模塑形。入烤箱烤15分鐘。

在這段時間，製作糖衣，混合糖粉、水和櫻桃酒或檸檬汁。

香料餅乾應烤至剛好呈現金黃色，並保持鬆軟可口，在冷卻時會硬化。出爐時，淋上糖衣，放涼。

約20塊香料餅乾
準備：30分鐘
烘焙：15分鐘

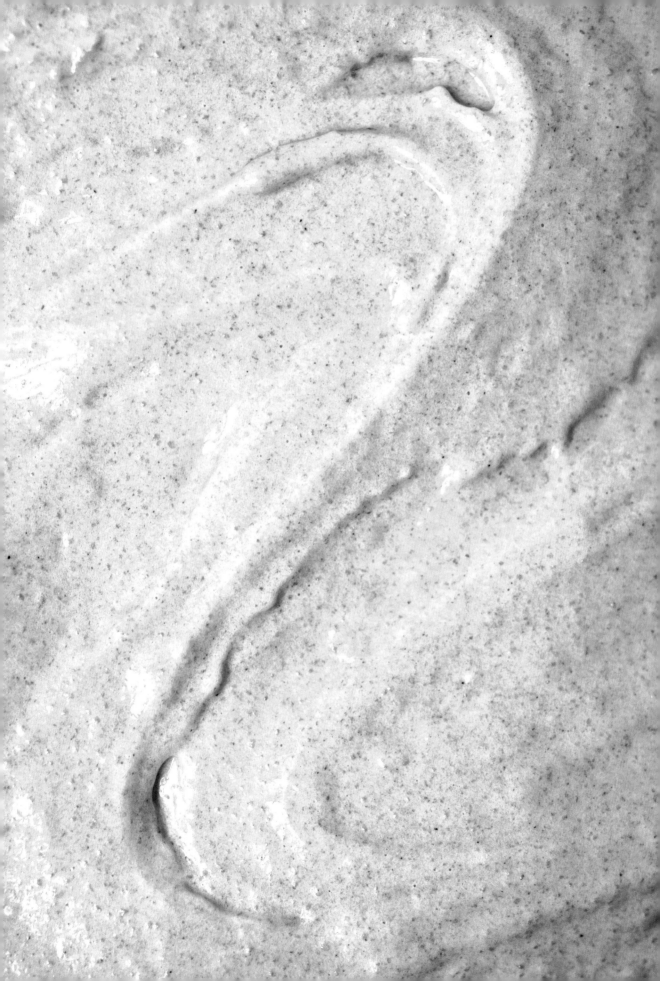

PÂTES
À GÂTEAUX
MÉLANGÉES
混合攪拌製成的糕點麵糊

在這個章節，麵糊最常分兩階段進行組合：一個階段是所謂的「乾」料（麵粉、糖、泡打粉、杏仁或榛果粉、可可粉…），另一個階段則是所謂的「濕」料（蛋、融化的奶油、牛乳…）。這兩種備料會快速混合，因為不要過度攪拌麵糊非常重要！

MADELEINES AU MIEL

蜂蜜瑪德蓮

這長貝殼形的特色小蛋糕已有不計其數的甜點師配方。添加蜂蜜，不僅帶來了無與倫比的口感，也讓柔軟度更持久。洛林地區的科梅爾西市（Commercy）會將瑪德蓮裝在特製的橢圓形山毛櫸盒子中，這裡也是瑪德蓮同好會的所在地。這種柔軟的小蛋糕因普魯斯特而在文學界聲名大噪，大仲馬（Alexandre Dumas）在他1873年的《Grand Dictionnaire de cuisine 美食大辭典》中，還花了3頁的篇幅來介紹瑪蓮德。

含鹽奶油125克
牛乳50克
蜂蜜50克
蛋4顆
糖125克
T55麵粉200克
鹽1撮
泡打粉 ½ 包（約5.5克）

前1天，加熱奶油、牛乳和蜂蜜，讓蜂蜜充分溶解。在沙拉碗或電動攪拌機的鋼盆中，用打蛋器快速混合蛋和糖。加入麵粉、鹽和泡打粉，接著是微溫的融化奶油等混料。將沙拉碗或鋼盆壁刮乾淨，以形成完全均勻的麵糊。包上保鮮膜，冷藏保存至少1個晚上。

當天，在旋風模式下將烤箱預熱至200℃。為瑪德蓮模刷上奶油（或使用噴霧油）。

在模型的每個孔洞中倒入約25克的麵糊。將烤盤放入烤箱中間高度的位置，直接擺在網架上，千萬不要打開烤箱門。約5分鐘後，瑪德蓮的邊緣開始凝固，中央開始凹陷，接著凸肚膨起。這時將烤箱溫度調低至170℃，再烤5分鐘。出爐後脫模。瑪德蓮可以密封罐保存數日。

24個漂亮的瑪德蓮
準備：20分鐘
靜置：1個晚上
烘焙：10分鐘

ASTUCE 訣竅

熱衝擊就是瑪德蓮凸肚的祕訣。必須讓麵糊在冰箱中靜置至少1個晚上，並在很熱的烤箱中烘烤，期間不能將烤箱門打開。

MUFFINS
BANANE ET
MYRTILLES

香蕉藍莓瑪芬

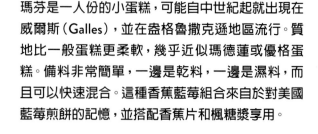

瑪芬是一人份的小蛋糕，可能自中世紀起就出現在威爾斯（Galles），並在盎格魯撒克遜地區流行。質地比一般蛋糕更柔軟，幾乎近似瑪德蓮或優格蛋糕。備料非常簡單，一邊是乾料，一邊是濕料，而且可以快速混合。這種香蕉藍莓組合來自於對美國藍莓煎餅的記憶，並搭配香蕉片和楓糖漿享用。

充分成熟的香蕉100克
檸檬 ½ 顆
蛋1顆
全脂液態鮮奶油50克
中性油50毫升
T55麵粉或T65麵粉180克
泡打粉 ½ 小匙（如果想要「火山爆發」效果，最多可使用 ½ 包，約5.5克）
鹽1撮
紅糖120克
藍莓125克

在靜態熱模式下將烤箱預熱至180℃。在沙拉碗中混合用電動料理機打碎或以叉子壓爛的香蕉泥和少許檸檬汁。加入蛋、鮮奶油和油，拌勻。

在另1個沙拉碗中，混合麵粉、泡打粉、鹽和糖。在小碗中用剩餘的檸檬汁和檸檬皮（份量外）醃漬藍莓。將粉類倒入香蕉等液體備料中，用木匙攪拌至形成均勻麵糊，再加入藍莓。

將麵糊倒入個別的瑪芬模（矽膠製或鋪上烘焙紙杯）或瑪芬多孔連模中（矽膠或金屬製），入烤箱烤約20分鐘。檢查熟度，用刀尖插入瑪芬，取出時應不沾黏麵糊。

約10個瑪芬
準備：10分鐘
烘焙：20分鐘

LES CANELÉS
BORDELAIS
de Pierre Mathieu

皮耶·馬蒂厄的波爾多可麗露

全脂牛乳500毫升
含鹽奶油50克
香草莢1根
糖250克
蛋2顆（100克）
蛋黃2顆（40克）
T55麵粉100克
蘭姆酒25毫升
蜂蠟（Cire d'abeille）或含鹽奶油80克

約12個可麗露
準備：10分鐘
靜置：1個晚上
烘焙：40分鐘

我還記得巴黎文華東方飯店（Mandarin Oriental）的下午茶，在餐檯提供皮耶的可麗露。外皮烤得非常酥脆，內部厚實清爽，帶有細緻的香味。目前在波爾多開業的他，二間店提供這絕對完美的可麗露，當然是以銅製模型，再以蜂蠟製作，其來源可追溯至十六世紀：阿儂西亞得（Annonciades）修道院的修女用的是蛋黃（蛋白用於澄清葡萄酒）；用來調味的香草莢和蘭姆酒，則是轉運抵達這座城市的港口。

前1天，將牛乳、奶油和剖開的香草莢煮沸。在沙拉碗中混合糖、蛋、蛋黃和麵粉，用打蛋器攪拌（但不要攪打），接著倒入熱牛乳。放涼，加入蘭姆酒。冷藏浸泡至少1個晚上。

當天，將烤箱預熱至130℃，將直徑5公分且高5公分的銅製空可麗露模加熱。趁這段時間，在平底深鍋中將蜂蠟加熱至融化。將液態蜂蠟倒入熱模型中至 ¾ 滿，接著倒扣，將蜂蠟倒出。放涼。

如果是以奶油為模型上油，請用糕點刷將非常軟的奶油刷在模型內，接著冷藏幾分鐘凝固。在旋風模式下，將烤箱溫度增加至220℃。把模型擺在烤盤上，接著將麵糊倒入每個模型中，直到距離邊緣5公釐處。入烤箱烤8分鐘，接著將烤箱溫度調低至185至190℃，再烤33（如波爾多省！）至40分鐘（這要視模型的厚度和烤箱功率而定）。

一出爐，就將可麗露脫模在網架上。

ASTUCE 訣竅

可使用金屬模，不沾或非不沾模皆可，但不要使用矽膠模，因為絕對無法獲得想要的結果。我們都說可麗露「變黑就是熟了」。因此，請毫不猶豫地在脫模後再烤5分鐘，以形成別具特色的「脆皮」。

LE BROWNIE

de Mamiche

瑪米須的布朗尼

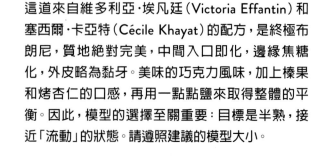

這道來自維多利亞・埃凡廷（Victoria Effantin）和塞西爾・卡亞特（Cécile Khayat）的配方，是終極布朗尼，質地絕對完美，中間入口即化，邊緣焦糖化，外皮略為黏牙。美味的巧克力風味，加上榛果和烤杏仁的口感，再用一點點鹽來取得整體的平衡。因此，模型的選擇至關重要：目標是半熟，接近「流動」的狀態。請遵照建議的模型大小。

榛果160克
杏仁160克
優質奶油300克
可可脂含量70%的巧克力500克
蛋5顆
糖500克
鹽之花3撮
T55麵粉100克

將烤箱預熱至180℃。將榛果和杏仁鋪在烤盤上，烘烤10分鐘。烤箱保持運轉。

在大型平底深鍋中，以中火將切成大塊的奶油和400克切小塊的巧克力加熱至融化。

在沙拉碗中，輕輕攪拌蛋和糖，在糖還未完全溶化時，加入融化的奶油和巧克力等混料。輕輕攪拌。加入鹽、麵粉，攪拌至麵粉均勻即可。最後加入榛果和杏仁，接著是剩餘100克切成大塊的巧克力，輕輕攪拌混合。

將麵糊倒入刷上奶油且／或鋪上烤盤紙，40×30公分方框模或模型中。入烤箱烤30分鐘。

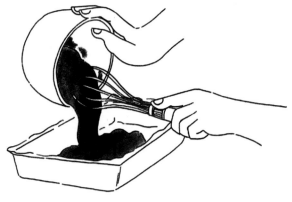

16大塊
準備：30分鐘
烘焙：40分鐘

ASTUCE 訣竅

布朗尼可保存在常溫下。冷藏可形成更像「松露巧克力」質地的成品。

FINANCIERS HUILE D'OLIVE, CITRON ET FRAMBOISES

橄欖油檸檬覆盆子費南雪

這並非最經典的配方，不會有榛果奶油（beurre noisette）特有的味道，但這些費南雪依舊美味柔軟。

蛋白2顆
糖75克
T45麵粉 50克
杏仁粉100克
橄欖油125毫升
檸檬皮
新鮮或冷凍覆盆子

將烤箱預熱至180℃。混合蛋白、糖、麵粉和杏仁粉。加入橄欖油和一些檸檬皮。

將麵糊倒入費南雪模中。加入幾顆覆盆子，嵌入麵糊中。視模型大小而定，入烤箱烤15至20分鐘。

12個費南雪
準備：10分鐘
烘焙：15至20分鐘

FINANCIERS AU BEURRE NOISETTE ET GRAINES

de Yannick Tranchant

雅尼克・特尚的榛果奶油穀物費南雪

含鹽奶油150克
糖粉225克
杏仁粉150克
T45麵粉150克
香草莢1根
液化蛋白(blancs d'œufs liquéfiés) 225克
鹽之花
自選綜合穀物
(亞麻仁籽、奇亞籽、
葵花籽、罌粟籽、松子 ...)

24個費南雪
準備：15分鐘
烘焙：12分鐘

如果最後沒有來點甜點，就無法離開餐桌！這些費南雪是為美食收尾的完美組合：柔軟的奶油、甜美的香草味，以及持續刺激味蕾的淡淡鹽之花。這是位於皮托(Puteaux)L'Escargot 1903餐廳，經常供應的甜點之一，主廚雅尼克・特尚最早就是在這裡展現他出色的糕點師技巧。

在旋風模式下將烤箱預熱至165℃。以小火將奶油加熱至融化，並形成金黃且略為起泡的榛果奶油(beurre noisette)。

在這段時間，將粉類(糖粉、杏仁粉和麵粉)過篩，在裝有打蛋器的電動攪拌機的鋼盆中拌勻。加入香草莢的籽，接著是蛋白，最後是鹽之花。先用打蛋器攪打一下，倒入微溫的榛果奶油，攪拌至形成均勻的液狀麵糊。

用裝有花嘴的擠花袋，將麵糊填入矽膠費南雪模中，但不要完全填滿。撒上綜合穀物，入烤箱烤12分鐘。稍微放至微溫後再為費南雪脫模並品嚐。

ASTUCE 訣竅

讓奶油繼續上色很重要，以形成別具特色的榛果香氣。也可以用更厚的迷你蛋糕模製作這些費南雪，但要將烘烤時間拉長至18分鐘。

CIGARETTES RUSSES

雪茄卷

餅乾盒或搭配冰淇淋、雪酪享用的經典之作。是由奶油、麵粉、糖粉和蛋白構成的瓦片餅乾麵糊。這個小糕點看似簡單,卻需要靈活度與精準度,在將瓦片餅乾麵糊鋪開時(專業人士會使用模板),也必須均勻。但結果很值得,因為這個自製版本無疑勝過市面上的所有產品。

糖粉100克
T55麵粉85克
融化的含鹽奶油80克
蛋白90克
香草精1小匙

在沙拉碗中混合糖粉和麵粉,加入冷卻的融化奶油,接著是約略打發(剛起泡)的蛋白和香草精。拌勻,包上保鮮膜,冷藏保存至少2小時。

將烤箱預熱至190℃。用裝有花嘴的擠花袋或湯匙,在不沾烤盤或鋪有烤盤紙的烤盤上,製作4至5片直徑8公分的圓餅狀麵糊,稍微抹開形成橢圓形(這種麵糊在烘烤時不會攤開,因此必須直接推抹成想要的形狀)。入烤箱烤約8分鐘(視麵糊的厚度而定),烤至邊緣呈現金黃色。

出爐時,用木匙柄將餅乾捲起,同時小心不要燙傷。「連接」邊緣並維持幾秒後,將木匙移開。分批烘烤,分批製作雪茄卷。

約20根雪茄卷
準備:10分鐘
靜置:2小時
烘焙:40分鐘

ASTUCE 訣竅

不要試圖同時間烘烤太多雪茄卷,因為在餅乾硬化之前,來不及成功將所有餅乾捲起。

CROQUANTS NOISETTES ET CITRON

榛果檸檬酥

榛果150克（約略切碎）
糖粉225克
檸檬皮1小匙
糖漬檸檬皮1大匙（切碎）
蛋白50克（2小顆）

法國各地都可找到的酥餅配方，但視地區而定，可能會加入杏仁、核桃或榛果。基底永遠不變，即以蛋白和糖製成的麵糊，可為酥脆的餅乾賦予蜂窩狀的結構和裂紋表面，類似傳統的餅乾（cookie）或馬卡龍（macaron）。

將烤箱預熱至170℃。在沙拉碗中混合榛果碎和糖粉。加入檸檬皮、糖漬檸檬皮、蛋白並拌勻。

準備2個鋪有烤盤紙的烤盤。保持間距，用湯匙舀上直徑3公分的堆狀麵糊（每個約30克）。入烤箱烤約13分鐘。

約15塊酥餅
準備：10分鐘
烘焙：13分鐘

LES BISCOUTIS

de Miske Alhaouthou

米斯克‧阿爾豪杜的科摩羅餅

這種小餅乾讓米斯克想起在科摩羅的節慶、婚禮及祈禱時刻，那時人們總是帶著小包的餅乾和小杯飲料離開。齒形滾刀為科摩羅餅帶來別具特色的鋸齒形，通常會浸在茶或咖啡中，真是一大享受。米斯克始終偏好還溫熱的科摩羅餅，只因為剛出爐時，這些科摩羅餅還是軟的，而且很香。可以自己試試看！

T65麵粉1公斤＋撒在工作檯上的麵粉100克
泡打粉2包（1包約11克）
蛋5顆
含鹽奶油或酥油（ghee）250克（室溫回軟）
無糖煉乳1小罐（170克）
糖300克
小豆蔻粉（cardamome en poudre）2小匙
水1小罐（使用煉乳罐測量）

混合麵粉和泡打粉。在沙拉碗或電動攪拌機的鋼盆中，混合所有其他的食材。將粉類加入先前的混料中，充分攪拌至形成柔軟均勻的麵團。如果麵團太黏，可從另外的100克麵粉中取少許加入。將麵團分成30個小團。

在旋風模式下將烤箱預熱至200℃。在工作檯上均勻撒上麵粉，放上1個麵團，擀至5至7公釐的厚度。用齒形滾刀將麵皮裁成橢圓形，擺在鋪有烤盤紙的烤盤上。在工作檯上均勻撒上麵粉，繼續進行至麵團用完。

入烤箱烤約10分鐘，烤至科摩羅餅呈現漂亮的金黃色。科摩羅的奶奶們會毫不猶豫地在最後2、3分鐘增加烤箱的溫度，以烤出別具特色的顏色。分批烘烤，科摩羅餅可以密封罐保存約10日。

約30大片或60小片的科摩羅餅
準備：15分鐘
每批烤10分鐘

ASTUCE 訣竅

亦可製作60個小科摩羅餅，在這種情況下，只要烤8分鐘即可。

TUILES DENTELLE ORANGE ET PISTACHE

柳橙開心果蕾絲瓦片

這些瓦片餅乾極其細緻，入口易碎並略帶黏性，不同於加了較多杏仁的瓦片餅乾（見68頁）。非常容易製作，唯一的限制是必須讓麵團冷藏靜置幾個小時，而且在烘烤時要有耐心：很難同時烘烤超過3至4片蕾絲瓦片餅乾。

含鹽奶油75克
糖粉200克或糖100克和粗紅糖（cassonade）100克
柳橙汁75克
柳橙皮 ½ 顆
T45麵粉 70克
開心果40克（切碎）

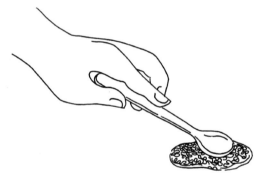

前1天，將奶油加熱至融化，然後靜置降溫。混合糖粉和柳橙汁，加入冷卻的融化奶油和果皮。再加入過篩的麵粉，接著是開心果碎。冷藏保存1個晚上。

當天，將烤箱預熱至180℃。用小湯匙在烤盤上舀入小堆的麵糊，保持一定間距。用湯匙的匙背鋪平。視瓦片的大小和想要的上色程度而定，入烤箱烤10至15分鐘。

出爐時，可用刮刀將瓦片分開，同時壓平。等1分鐘，待瓦片因冷卻而開始變硬時，將瓦片剝離，用擀麵棍或槽形烤盤（plaque à tuiles）塑形。

1打瓦片餅乾
準備：10分鐘
靜置：1個晚上
每爐烘焙：10至15分鐘

LES VISITANDINES

de Gilles Marchal

吉爾·馬夏爾的修女小蛋糕

杏仁粉90克
T45麵粉 90克＋模型用麵粉
糖210克
蛋白180克（6顆）
含鹽奶油150克（融化保持在60℃）
＋模型用奶油
極碎的柳橙皮

約20個修女小蛋糕
準備：15分鐘
靜置：4小時
烘焙：15分鐘

甜點主廚吉爾·馬夏爾（Gilles Marchal）出身於洛林（Lorraine），後來定居於蒙馬特（Montmartre），以製作瑪德蓮而聞名，但他在此為我們提供了更傳統的配方。洛林的修女小蛋糕是類似瑪德蓮或費南雪的糕點。這道配方製作起來輕而易舉，也可以視個人口味調整。必須烤成漂亮的淺棕色，而且隔天品嚐會更為可口。據說，南錫聖母往見會（ordre de la Visitation）的修女們，會使用蛋黃作為油漆的定色劑，而她們為了不浪費蛋白，便發明了這種小糕點。

在沙拉碗中混合杏仁粉、過篩的麵粉和糖。加入蛋白，用打蛋器輕輕拌勻（勿攪打，只要輕輕拌勻食材）。加入融化的奶油和柳橙皮，冷藏保存4小時。

在這段時間，準備模型，用糕點刷為模型刷上膏狀奶油（在常溫下變軟）。應在模型各處刷上薄薄一層奶油，接著為模型篩上麵粉，並去除多餘的麵粉。

在旋風模式下將烤箱預熱至160至170℃。用裝有6/8號圓口花嘴的擠花袋或湯匙，在模型中擠入麵糊（每個孔洞30至35克），入烤箱烤8分鐘。將模型轉向，再烤7至8分鐘。

烘烤後，為還溫熱的修女小蛋糕脫模，在常溫下放涼。修女小蛋糕可以密封罐保存數日。

ASTUCE 訣竅

可使用不同模型，來變化修女小蛋糕的形狀。

PÂTES À GÂTEAUX PAS COMME LES AUTRES

與眾不同的麵團

這個章節沒有傳統小糕點的配方。會找到以千層派皮或泡芙麵糊為基底製成的小糕點，也有結合多種麵團（沙布列與軟芯餅乾麵團）且更複雜的特色餅乾，又或者是製作方式截然不同的小蛋糕。

CHOUQUETTES
珍珠糖小泡芙

珍珠糖小泡芙帶來絕佳享受：表面略為酥脆（以珍珠糖增加口感），且內部柔軟的蓬鬆小泡芙。這道配方有二個困難之處：泡芙的質地與烘烤程度（常會烤得不夠，導致成品吃起來像蛋餅，令人失望）。泡芙應是棕色，而非黃色，更不是金黃色！而這種烘烤程度也讓珍珠糖泡芙可以再搭配鮮奶油，以提升美味程度，而不會導致泡芙變軟。

水125毫升
全脂牛乳125毫升＋上色用牛乳1大匙
含鹽奶油120克
T65麵粉130克
全蛋200克（約4顆）＋上色用蛋黃1顆
珍珠糖（Sucre gros grain）或晶糖（Sucre casson）

在靜態熱模式下將烤箱預熱至210℃。在大型平底深鍋中，將水、牛乳和切丁奶油煮沸。離火，一次加入麵粉，持續攪拌至麵團不沾黏內壁。再以中小火重新加熱平底深鍋，將麵糊的水分煮乾，同時不停攪拌。

將麵糊倒入大型的沙拉碗或電動攪拌機的鋼盆中，接著逐一加入稍微打散的蛋，每加1顆都要拌勻。麵糊不應過硬或軟，應形成緞帶狀，有時無須加完最後1顆蛋。麵糊越乾，就越可能用完所有的蛋。

將麵糊填入裝有10號圓口花嘴的擠花袋，將麵糊擠在鋪有烤盤紙的烤盤上，刷上摻有少許牛乳的蛋黃，撒上珍珠糖或晶糖。

入烤箱烤10分鐘。將烤箱溫度調低至180℃，再烤至少20至25分鐘，而且絕對不要在小泡芙膨脹時打開烤箱門。

約20顆珍珠糖小泡芙
準備：10分鐘
烘焙：40至45分鐘

FAUX MILLIONNAIRES SHORTBREADS

仿百萬富翁酥餅

15年前，我發明了這個超罪惡的配方，讓每個嚐過的人都做出了同樣的反應－（吃得滿嘴都是）的說：「真的很好吃」。注意，這是卡路里炸彈，而且只要一塊酥餅就夠了。外觀近似百萬富翁酥餅－一種蘇格蘭特產，一層酥餅、一層焦糖和一層巧克力，但我認為這是更美味的簡化版。

胡桃10幾顆
鹽之花1撮

Pour le sablé 酥餅
含鹽奶油120克（室溫回軟）
糖60克
T55麵粉180克

Pour le caramel au chocolat 巧克力焦糖
糖100克
葡萄糖或蜂蜜1大匙
全脂液態鮮奶油100克
牛奶巧克力70克

將烤箱預熱至180℃。製作酥餅。混合奶油和糖至形成淡色的乳霜狀，加入麵粉混拌形成麵團。將邊長約20公分的方形框模擺在鋪有烤盤紙的烤盤上，用手將麵團鋪在方形框模中，或是使用方形或長方形模，內側鋪上烤盤紙以利脫模。入烤箱烤約20分鐘。

在這段時間製作巧克力焦糖。在夠大的平底煎鍋或平底深鍋中，以中火將糖乾煮至融化，而且不要攪拌。加入葡萄糖或蜂蜜，讓溫度升高且顏色加深，形成琥珀色焦糖。這時倒入鮮奶油（當心液體噴濺），混料將形成結塊，以小火持續加熱，一邊攪拌。結塊將在幾分鐘內融化。

在焦糖變得平滑且還溫熱時，加入切成小塊的巧克力。

將巧克力焦糖快速倒入冷卻的酥餅上，將表面抹平。接著擺上胡桃，撒上鹽之花，在常溫下凝固1小時。在巧克力焦糖凝固時，切成正方形。仿百萬富翁酥餅冷藏可保存2至3日。

ASTUCE 訣竅

也可以不切成正方形，而切成細長條，接著鋪上融化的黑巧克力，以形成長條手指形，令人想起常用來止餓的某個著名品牌，2條包裝的焦糖巧克力條。

16塊方形酥餅
準備：30分鐘
烘焙：30分鐘
靜置：1小時

PALMIERS
CARAMÉLISÉS
焦糖蝴蝶酥

對麵包店和超市來說，這是經典之作。結構密實的焦糖千層酥，帶來酥脆的口感。但要製作出美味的焦糖，以及掌控酥皮的膨脹度還是需要一點技術。

整塊的千層派皮（pâte feuilletée en bloc）
300克（自製或購買）
砂糖50克
粗紅糖50克

將千層派皮擀至形成約35×25公分的長方形。混合2種糖。將一半的糖大量撒在長方形派皮上。

分2次沿長邊將長方形派皮折起：將上半部向下折至中央部分，將下半部朝上折至中央部分。因此形成約35×12公分的新長方形。再撒上一半剩餘的糖，用擀麵棍擀壓，讓糖附著，並將派皮壓實。

再度將派皮折起，形成35×6公分的長方形，再撒上所有剩餘的糖，沿著長邊對折。再以擀麵棍擀壓。冷藏保存至少30分鐘。

在旋風模式下將烤箱預熱至180℃。將派皮切成厚1公分的片狀，保持間距，擺在2個鋪有烤盤紙的烤盤上，入烤箱烤15分鐘。將蝴蝶酥翻面，再烤5分鐘，並留意焦糖化狀況。

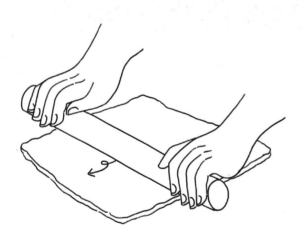

30個蝴蝶酥
準備：10分鐘
靜置：30分鐘
烘焙：20分鐘

LES SABLÉS
TOURBILLON ADDICTIFS
楊·布里斯的
上癮陀飛輪酥餅

楊在2011年發明了陀飛輪技術，獲得了糕點類MOF法國最佳工藝師頭銜。從那時起，陀飛輪被用於許多甜點，甚至還催生了特殊模型的問世，讓人無需掌握陀飛輪擠花技術即可輕鬆製作。以乳化法製成的餅乾，加上以打發蛋白為基底製成的柔軟蛋糕體，用帕林內和占度亞榛果巧克力將2種質地搭配得恰到好處 ...，這是獨一無二的小蛋糕，讓人徹底上癮。

Pour le praliné noisettes 榛果帕林內
榛果 100 克
糖 60 克
水 15 克
含鹽奶油 10 克
鹽之花 1 撮
可可脂（beurre de cacao）12 克

Pour le gianduja lait 牛奶占度亞榛果巧克力
榛果醬（榛果含量 100%）120 克
糖粉 120 克
法芙娜白希比覆蓋牛奶巧克力（chocolat de couverture lait Bahibé de Valrhona®）75 克
可可脂 30 克

Pour les shortbreads 奶油酥餅
含鹽奶油 100 克（室溫回軟）
香草莢 ¼ 根
糖粉 50 克
檸檬皮 ¼ 顆
柳橙皮 ¼ 顆
鹽之花 1 撮
T55 麵粉 125 克
熟蛋黃 10 克（½ 顆）

Pour les moelleux noisettes 榛果軟蛋糕體
榛果 60 克
糖粉 75 克＋少許撒在表面用
杏仁粉 50 克
馬鈴薯澱粉 12 克
蛋黃 12 克（½ 顆）
蛋白 120 克（4 顆）
砂糖 40 克
榛果奶油（beurre noisette）90 克

12 個酥餅
準備：50 分鐘
靜置：13 小時
烘焙：40 分鐘

製作榛果帕林內。

將烤箱預熱至180℃。將榛果鋪在烤盤上，烘烤10分鐘。放涼。

用糖和水製作焦糖。加入榛果，攪拌後混入奶油，將備料倒在烤盤墊上放涼。

用食物處理機將焦糖榛果連同鹽之花一起打碎，應攪打至形成光滑濃稠的糊狀。以4℃冷藏保存1小時。

將可可脂加熱至融化，加入先前的榛果帕林內中。

製作牛奶占度亞榛果巧克力。

用電動攪拌機攪打榛果醬和糖粉。將巧克力和可可脂隔水加熱至融化，加入電動攪拌機中，攪拌至備料充分混合。

將備料倒入 Silikomart 品牌直徑8公分的陀飛輪模型的圓環中，將模型輕敲桌面排出氣泡。以4℃冷藏保存1小時。

製作奶油酥餅。

混合奶油、糖粉、香草莢刮出的籽、果皮和鹽之花，混入麵粉和過篩的熟蛋黃成團。包好冷藏保存。

將麵團擀至3公釐的厚度，裁成直徑8公分的圓餅，擺在洞洞烤墊上（若沒有，可用烤盤代替），入烤箱以160℃烤約15分鐘。

製作榛果軟蛋糕體。

用電動料理機攪打榛果和糖粉，加入杏仁粉、馬鈴薯澱粉、蛋黃和60克的蛋白。

在另一個電動攪拌機的鋼盆中，用砂糖將剩餘的60克蛋白打發。將蛋白霜混入先前的混料中，

取出部分杏仁蛋白糊加入榛果奶油中拌勻，接著再倒回剩餘的杏仁蛋白糊中拌勻。

將直徑8公分的法式塔圈擺在矽膠烤墊上，將麵糊填入塔圈中，入烤箱以165℃烤約20分鐘。放涼。

組裝。

用直徑3公分的壓模裁下榛果軟蛋糕體中央，擺在奶油酥餅上，接著篩上糖粉。為挖空的中央部分填入帕林內，接著鋪上脫模的占度亞陀飛輪圓餅。以烤榛果裝飾（材料表外）。

PAILLES
FRAMBOISE
覆盆子夾心千層

自製小糕點遠遠勝過工廠版本，而且製作起來也不複雜。主要的訣竅就在於，以「垂直」方式切裁千層派皮，並在烘烤時將條狀派皮疊起，便可形成這種口感別具特色的結構。

整塊的千層派皮（pâte feuilletée en bloc）
300克（自製或購買）
全脂液狀鮮奶油2大匙
砂糖
覆盆子果醬
糖粉

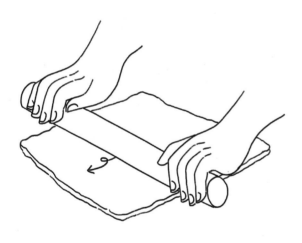

將千層派皮擀成36×25公分的長方形。沿著長邊裁成3塊12公分的派皮，刷上鮮奶油，撒上砂糖，接著將長條派皮疊合。冷凍30分鐘。

將烤箱預熱至180℃。將3塊派皮裁成16條寬1.5公分的長條狀。將16條派皮擺在鋪有烤盤紙的烤盤上，讓3塊派皮不會疊在一起，而是垂直並排。

入烤箱烤12分鐘。將烤盤取出，將夾心千層翻面，再烤8分鐘。如果上色不夠，可將烤箱溫度調高至200℃，再多烤2分鐘，並在一旁留意烘烤狀況。

用覆盆子果醬將夾心千層兩兩組合，享用時撒上糖粉。覆盆子夾心千層可以密封罐保存2至3日。

8塊夾心千層
準備：10分鐘
靜置：30分鐘
烘焙：20分鐘

ROSES
DES SABLES

沙漠玫瑰

含鹽奶油100克
巧克力150克
糖粉80克
玉米、斯佩耳特小麥或蕎麥，
或三者的混合穀片80克

大家都知道，這些迷你的一口酥往往是我們兒時最早製作的糕點之一。混合巧克力、奶油和糖粉的動作，可形成單純融化巧克力所無法獲得的特殊質地。等混料冷卻後再倒入穀片很重要，否則穀片會變軟。要製作更具「成人」風味版本的訣竅在於，混合不同種類的穀片（玉米、蕎麥...）。也可以加入杏仁條，或嘗試各種不同口味的巧克力。

在平底深鍋中，以小火將奶油和巧克力加熱至融化，加入糖粉拌勻，放涼幾分鐘（但不要放至太硬），這時倒入穀片，拌勻。

在鋪有烤盤紙的烤盤上製作小堆的穀片（每堆約15克），冷藏凝固約10分鐘。沙漠玫瑰可以密封罐保存，並在幾天內食用完畢（巧克力可能會變得霧白，尤其是在天氣熱的時候）。

25塊
準備：10分鐘
靜置：10分鐘
烘焙：5分鐘

ALLUMETTES GLACÉES

糖霜千層酥條

經典的法式花式小糕點（petits-fours），具有復古魅力。不必擔心，這種小糕點可以密封罐保存數日，只是表面非常脆弱，受到撞擊可能會碎裂。這樣製作出來的千層酥條非常可口，但也可以厚切，再鋪上奶油醬會更加美味。

整塊的千層派皮（pâte feuilletée en bloc）
200克（自製或購買）

Pour la glace royale 皇家糖霜
糖粉150克
蛋白1顆
檸檬汁或香草精幾滴

將烤箱預熱至200℃。在烤盤紙上將千層派皮擀成約30×20公分的長方形。冷凍15分鐘。

製作皇家糖霜。混合糖粉和蛋白，用檸檬汁或香草調味。

沿著長邊切成3條帶狀（約30×7公分）。將烤盤紙連同帶狀麵團一起擺在烤盤上。在表面將皇家糖霜鋪上約1公釐厚，切成3公分的長條，稍微間隔開來，入烤箱烤10分鐘，直到稍微上色。

將烤箱溫度調低至180℃，再烤5分鐘。

糖霜千層酥條在乾燥處可保存10天。

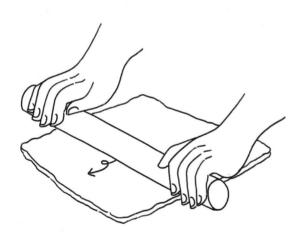

24至36條千層酥條
準備：30分鐘
靜置：15分鐘
烘焙：15分鐘

ASTUCE 訣竅

注意，這種千層酥條非常脆弱，如果處理不當，表面的皇家糖霜可能會破裂。

LANGUES-DE-CHAT

貓舌餅

貓舌餅是我童年的回憶之一，我的外祖父母總是會在某個瓷盒中放一些貓舌餅，能夠找到它們真是令人開心，這是適合搭配1杯冰淇淋的完美小餅乾。貓舌餅麵糊非常容易製作，而且視變化版本而定，主要以麵粉、糖、奶油和蛋白4種食材各¼的比例「quatre quatre」所組成，有時也很接近雪茄卷麵糊。先將奶油攪打成乳霜狀，接著將蛋白打發，2種經典技術的完美結合，帶來無與倫比的效果。

含鹽奶油90克（室溫回軟）
糖90克
蛋白90克（3顆）
T55麵粉或T65麵粉90克

將烤箱預熱至180℃。將奶油攪拌至形成乳霜狀，接著加入糖拌勻。

將蛋白打至不要太硬的硬性發泡，加入先前的奶油霜中，接著輕輕撒上麵粉拌勻。

用裝有花嘴的擠花袋，將貓舌餅擠在烤盤上，並保持間隔，因為麵糊會在烘烤期間攤開。

入烤箱烤約15分鐘，一邊留意烘烤狀況（視厚度而定，貓舌餅可能會很快變為褐色），在烤盤上放涼。

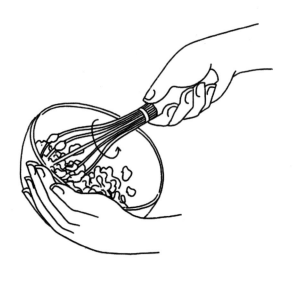

約30片餅乾
準備：10分鐘
烘焙：15分鐘

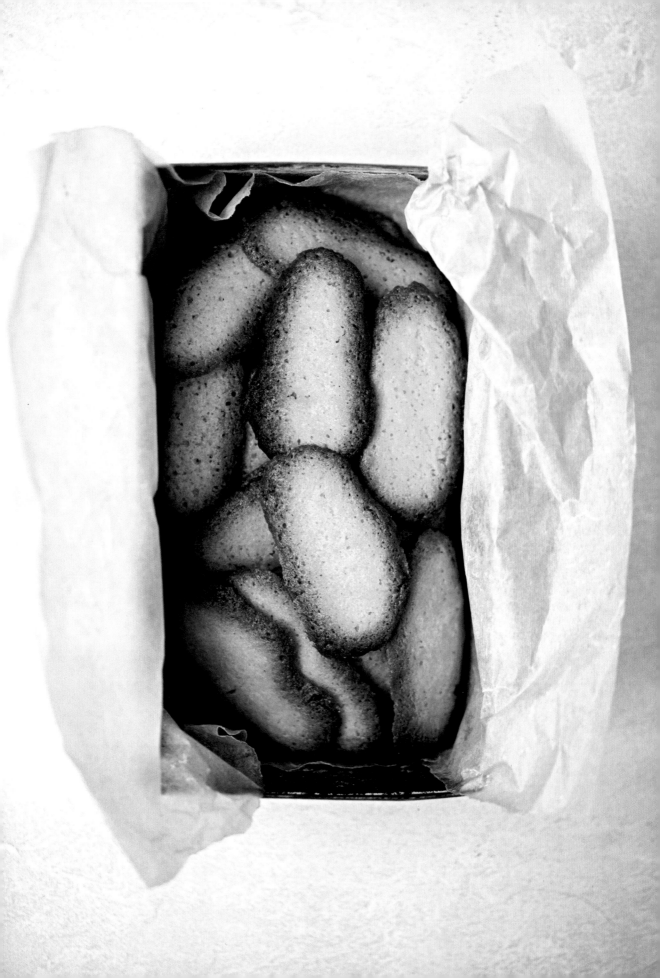

Bibliographie chronologique 按年代順序排列的參考書目

Traité de pâtisserie moderne, Darenne et Duval, 1909.

Manuel de biscuiterie, J. Baratte, éd. J.-B. Baillière et fils, 1926.

La Bonne Cuisine par Mme E. Saint-Ange, Éditions Larousse, 1929.

Je sais faire la pâtisserie, Ginette Mathiot, Albin Michel, 1938.

Nouveau traité de biscuiterie et de pâtisserie industrielles, Ph. Grospierre, Éditions Desforges, 1953.

La Pâtisserie familiale, Ernest Pasquet, Flammarion, 1958.

Les Pâtisseries par Tante Marie, A. Taride Éditeur, 1961.

Les Petits Gâteaux, Éditions Time Life, 1982.

Biscuits et petits-fours, Éditions Time Life, 1982.

Traité de pâtisserie artisanale, tome`3, Roland Bilheux et Alain Escoffier, 1985.

Les Petits Gâteaux d'Alsace, Suzanne Roth, Éditions du Rhin, 1994.

Plaisir de petits-fours, Pascal Brunstein, 1995.

Petits Gâteaux, Ilona Chovancova, Marabout, 2004.

Carrés gourmands, Minis Cuisine, Marabout, 2005.

Biscuits et petits gâteaux, Marabout, 2006.

Biscuits, sablés, cookies, Martha Stewart, Marabout, 2009.

Petits Gâteaux, Frédéric Anton et Christelle Brua, Éditions du Chêne, 2011.

La Bible des petits gâteaux, Guillaume Marinette, Marabout, 2020.

Ma petite biscuiterie, Christophe Felder et Camille Lesecq, Éditions de La Martinière, 2021.

Remerciements 致謝

首先非常感謝我的母親和祖母，從小就讓我摸麵粉、雞蛋、糖和奶油；也要感謝所有信任我並同意將他們的家庭食譜或創作寄給我的人，按書中出現的順序包括：Benoît,Christophe, Alexandre, Eliane, Alessandra, Giuseppe, Louiza, Pierre, Victoria et Cécile, Yannick, Miske, Gilles et Yann。

也要感謝我的孩子們（有時還包括他們的朋友），他們吞下了大量的餅乾與小蛋糕，而且毫不妥協地指出他們喜歡或不喜歡。

再次，且超級感謝參與本書製作的所有圖書界專業人士，因為在一本書封面的名字背後，是一個完整的團隊，而我們就這樣接續製作出第四本書（如同 Julien Lepers 所述）。

首先感謝 First 的責任編輯 Rose-Marie 從一開始就信任我，讓這個美食系列得以延續！感謝 Julie 這位愛吃、親切且高效率的編輯，雙方的交流總是具建設性且嚴謹。

當然也要感謝 Géraldine，很興奮能為你開啟全新的生活領域，少了霓虹燈的刺激，拍攝工作可能會變得過於平靜。

感謝整個團隊，Apolline 提供的插圖使文字變得栩栩如生，並提供了製作手法的詳細說明；Laurence 和 Véronique 進行了重要的校對和文字工作，Sophie, Lisa 和 Valérie 提供了排版和封面設計。這本書也是你們的作品，要成功製作出一本既新穎又能延續前三本書的著作，全仰賴你們的努力、經驗和才華。

感謝 Interforum 行銷團隊讓這本書在書店上架，也感謝幫忙宣傳的書商讓這本書成為人氣暢銷書，並從 2019 年起一直支持我們。

也要感謝讀者們，感謝你們對先前的書籍，尤其是餅乾類書籍的回饋，讓我們想繼續以更廣闊的美食主題分享這些配方。

系列名稱／Joy Cooking

書名／無法抗拒的法式鐵盒餅乾

作者／Déborah Dupont-Daguet 黛博拉‧杜邦達蓋

攝影／Géraldine Martens 姬哈汀‧馬當

出版者／出版菊文化事業有限公司

發行人／趙天德

總編輯／車東蔚

翻譯／林惠敏

文 編‧校 對／編輯部

美編／R.C. Work Shop

地址／台北市雨聲街77號1樓

TEL／(02)2838-7996

FAX／(02)2836-0028

初版日期／2023年4月

定價／新台幣430元

ISBN／9789866210907

書號／J155

讀者專線／(02)2836-0069

www.ecook.com.tw

E-mail／service@ecook.com.tw

劃撥帳號／19260956大境文化事業有限公司

Published in the French language originally under the title:
Le petit gâteau de nos rêves
© 2022, Éditions First, an imprint of Édi8, Paris, France.

國家圖書館出版品預行編目資料

無法抗拒的法式鐵盒餅乾

黛博拉‧杜邦達蓋 著；初版；臺北市

出版菊文化，2023 [112] 160面；19×26公分

(Joy Cooking；J155)

ISBN／9789866210907

1.CST：點心食譜

427.16   112002723

請連結至以下表單
填寫讀者回函，將
不定期的收到優惠
通知。

Direction éditoriale : Marie-Anne Jost-Kotik
Responsable éditoriale : Rose-Marie Di Domenico
Édition : Julie Mege
Direction artistique : Sophie Coupard
Couverture : Lisa Magano-Benziane
Mise en page : Cipanga
Relecture : Laurence Alvado et Véronique Dussidour
Photographies : Géraldine Martens
Illustrations : Apolline Muet